输电线路挖孔基础装配式混凝土护壁

标准化图集

国网福建省电力有限公司经济技术研究院　组编

中国电力出版社
CHINA ELECTRIC POWER PRESS

内容提要

本书旨在规范装配式护壁技术在输电线路桩基工程中的应用，通过标准化设计、模块化施工与智能化管控，解决传统护壁工艺效率低、质量波动大的行业痛点。全书系统阐述护壁结构选型、预制构件加工、装配化施工流程、质量验收标准及环保水保措施，以及配套典型构造详图。内容涵盖设计参数、工艺工法、安全管控、试验验证等核心模块，突出工厂化预制与机械化装配的技术优势。

本书适用于电力工程设计人员、施工人员、质量监管人员及高等院校相关专业师生，可为输电线路基础工程标准化建设提供全流程技术支撑与实操指南。

图书在版编目（CIP）数据

输电线路挖孔基础装配式混凝土护壁标准化图集/国网福建省电力有限公司经济技术研究院组编. -- 北京：中国电力出版社，2025. 6. -- ISBN 978-7-5239-0078-9

Ⅰ. TM726-64

中国国家版本馆 CIP 数据核字第 20257ED332 号

出版发行：中国电力出版社
地　　址：北京市东城区北京站西街 19 号（邮政编码 100005）
网　　址：http://www.cepp.sgcc.com.cn
责任编辑：赵　杨（010-63412287）
责任校对：黄　蓓　李　楠
装帧设计：张俊霞
责任印制：石　雷

印　　刷：三河市航远印刷有限公司
版　　次：2025 年 6 月第一版
印　　次：2025 年 6 月北京第一次印刷
开　　本：880 毫米×1230 毫米　横 16 开本
印　　张：3
字　　数：103 千字
定　　价：30.00 元

《输电线路挖孔基础装配式混凝土护壁标准化图集》编委会

牵头单位　国网福建省电力有限公司建设部

编制单位　国网福建省电力有限公司经济技术研究院

　　　　　　东北电力大学

主　　编　肖方顺

副主编　于新民　　王德弘　　黄永忠　　林学根

编写人员　武奋前　李扬森　林少远　刘志伟　纪联辉　程建平　蔡旺昕　宋　平　陈　祥　邱昊茨　苏意军　刘　涵　聂士成

　　　　　　李小刚　聂克剑　施孝霖　陈行云　林健昊　吴逸帆　王先日　陈远浩　张迎双　白俊峰　张子轩　李佳怡　张晓磊

　　　　　　韩永鸣　蔡居洋　张　洋

前　言

　　近年来，随着电网建设向复杂地质区域延伸，传统挖孔基础护壁工艺效率低、质量波动大的问题日益凸显。为响应国家基建标准化、绿色化号召，本书由国网福建省电力有限公司建设部牵头，国网福建省电力有限公司经济技术研究院联合东北电力大学共同编制完成。编写组系统梳理了国内外装配式护壁技术成果，结合工程实践数据，形成了涵盖设计、施工、验收全链条的技术标准体系。本书针对输电线路桩基工程特点，创新性提出"工厂化预制+模块化装配"技术路径，突破传统现浇工艺的时空限制。通过参数化设计模板、标准化构件连接节点等核心技术，实现护壁结构质量提升30%以上，施工周期缩短40%，为电网工程绿色建造提供系统性解决方案。

　　本书共11章：第1章阐明标准化建设的目的和意义，第2～5章建立"依据—流程—方法"设计逻辑链，第6～8章解析质量检验、技术特点及综合效益分析，第9章系统梳理装配式护壁工程施工技术与管理，第10章介绍总体使用说明，第11章为装配式护壁及卡盘施工图集。

　　本书的编制得到国网福建省电力有限公司的大力支持，谨向参与编审的多位行业专家及工程一线技术人员致以诚挚感谢。作为首本输电线路装配式护壁技术标准化图集，本书尚需工程实践持续完善，期待广大同行批评指正，共同推动电网建造技术迭代升级。

编　者

2025 年 4 月

目　　录

1 概　述

1.1　目的和意义

　　输电线路挖孔基础装配式混凝土护壁标准化图集旨在统一输电线路挖孔基础装配式混凝土护壁的设计标准，确保各地在设计和施工过程中遵循相同的规范和标准，从而实现产品质量的稳定产出。通过标准化设计，可以简化施工流程，减少施工过程中的不确定性和复杂性，从而提高施工效率，缩短工期。

　　输电线路挖孔基础装配式混凝土护壁标准化图集确保了设计和施工的一致性和通用性，有助于减少因设计或施工不当导致的质量问题，提高输电线路的可靠性和安全性。标准化图集的编制和实施需要不断进行技术创新和优化。在这个过程中，可以推动相关技术的发展和进步，提高输电线路的整体技术水平。标准化设计使得输电线路的维护和管理更加便捷。由于设计标准统一，可以方便地进行巡检、检测和维修等工作，降低维护成本和管理难度。输电线路挖孔基础装配式混凝土护壁的标准化设计有助于减少对自然环境的破坏。通过优化设计方案，可以减少对土地、植被和水资源的占用和破坏，降低施工过程中的噪声、粉尘和废水等污染物的排放。输电线路挖孔基础装配式混凝土护壁标准化图集的编制和实施是推动电力行业标准化的重要举措之一。通过标准化设计，可以促进电力行业的技术进步和产业升级，提高整个行业的竞争力和可持续发展能力。综上所述，输电线路挖孔基础装配式混凝土护壁标准化设计图集的编制和实施对于保障工程质量、提高施工效率、降低成本、促进技术创新、便于维护和管理，以及推动行业标准化进程等方面都具有重要意义。

1.2　总体原则

　　输电线路挖孔基础装配式混凝土护壁标准化设计图集的总体原则旨在确保安全可靠、技术先进、经济适用、绿色环保及便于施工与维护。这些原则的实施将有助于提高输电线路的整体质量和运行效率，推动电力行业的可持续发展。

　　（1）安全可靠性：设计应确保基础结构稳定，能够承受输电线路运行过程中的各种荷载，包括自重、风荷载、雪荷载等。混凝土护壁应具有良好的耐久性，能够抵抗自然环境中的侵蚀和破坏，如雨水、风沙、日晒等。在施工过程中，应确保施工人员的人身安全，避免发生坍塌、坠落等安全事故。

　　（2）技术先进性：设计应遵循国家和行业的相关标准和规范，确保设计方案的标准化和通用性。通过模块化设计，实现装配式混凝土护壁的快速组装和拆卸，提高施工效率。在设计过程中，应积极采用新技术、新材料和新工艺，提高设计水平和施工质量。

　　（3）经济适用性：设计应充分考虑成本效益，通过优化设计方案，降低材料消耗和施工成本。设计应考虑资源的可持续利用和环境的保护，减少对环境的影响和破坏。设计应具有通用性，能够适应不同地形、地质和气象条件，减少设计变更和额外成本。

　　（4）绿色环保性：应选用环保、无毒、无害的材料，减少对环境的污染。在施工过程中，应采取节能减排措施，如使用节能设备、优化施工流程等，降低能耗和排放。施工完成后，应采取生态恢复措施，如恢复植被等，减少对生态环境的破坏。

　　（5）便于施工与维护性：设计应考虑施工的便捷性，减少施工难度和复杂度，提高施工效率。设计应考虑后期运维的便捷性，如设置巡检通道、预留维修空间等，便于运维人员进行巡检和维护。

2 设 计 依 据

2.1 主要规程规范

此次标准化设计主要按照以下规程规范执行：

GB/T 14684—2022 建设用砂

GB/T 14685—2022 建设用卵石、碎石

GB 175—2023 通用硅酸盐水泥

GB 50010—2010 混凝土结构设计规范

GB/T 50081—2019 混凝土物理力学性能试验方法标准

GB 8076—2024 混凝土外加剂

GB/T 50082—2024 普通混凝土长期性能和耐久性能试验方法标准

GB/T 50107—2024 混凝土强度检验评定标准

GB 50164—2021 混凝土质量控制标准

JGJ 55—2025 普通混凝土配合比设计规程

JGJ 63—2006 混凝土用水标准

JGJ/T 193—2009 混凝土耐久性检验评定标准

GB 1499.2—2024 钢筋混凝土用钢 第 2 部分：热轧带肋钢筋

JGJ/T 23—2023 回弹法检测混凝土抗压强度技术规程

GB/T 6892—2023 一般工业用铝及铝合金挤压型材

GB/T 10051.1—2010 起重吊钩 第 1 部分：力学性能、起重量、应力及材料

GB/T 20118—2017 钢丝绳通用技术条件

DL/T 875—2016 架空输电线路施工机具基本技术要求

GB/T 12358—2024 作业场所环境气体检测报警仪通用技术要求

GB/T 24343—2009 工业机械电气设备 绝缘电阻试验规范

SDJ 206-87—2005 架空配电线路设计技术规程

GB/T 50164—2011 混凝土质量控制标准

JGJ46—2023 施工现场临时用电安全技术规范

JB/T 5943—2018 工程机械 焊接件通用技术条件

GB 50204—2015 混凝土结构工程施工质量验收规范

DL 5009.2—2013 电力建设安全工作规程 第 2 部分：电力线路

2.2 国家电网有限公司有关规定

国家电网设备〔2018〕979 号《国家电网有限公司关于印发十八项电网重大反事故措施（修订版）的通知》

国家电网安监〔2024〕664 号《关于印发〈国家电网公司电力平安工作规程（变电部分）、（线路部分）〉的通知》

闽电建设〔2022〕470 号《国网福建电力关于印发〈国网福建省电力有限公司基建与生产技术标准差异条款统一意见（2022 版）〉的通知》

3.1 前期准备

明确项目目标、范围和要求，进行项目启动会议。对输电线路挖孔基础装配式混凝土护壁的需求进行详细分析，包括地质条件、荷载要求、施工条件等。收集相关设计标准、规范、规程及类似工程的设计经验。调研市场上现有的装配式混凝土护壁产品和技术，分析其优缺点。

3.2 方案设计

根据地质勘察报告和荷载要求，选择合适的挖孔基础型式。考虑装配式混凝土护壁的结构特点，确定护壁的尺寸、材料和连接方式。进行基础的承载力计算、稳定性验算等，确保基础满足设计要求。对装配式混凝土护壁进行结构分析，计算其受力性能和变形情况。根据计算结果，对设计方案进行调整和优化。使用专业绘图软件绘制设计图纸，包括基础平面布置图、护壁结构图、连接节点详图等。编写设计说明，详细阐述设计理念、设计参数、施工要求等。

3.3 审查与修改

设计团队内部对设计图纸和设计说明进行审查，确保设计的一致性和完整性。对审查中发现的问题进行整改和优化。将设计图纸和设计说明提交给相关部门或专家进行外部审查。根据审查意见进行修改和完善，直至获得审批通过。

3.4 标准化与图集编制

对设计方案进行标准化处理，制定统一的设计标准、规范和图例。编制装配式混凝土护壁的标准化构件库，包括各种尺寸、材料和连接方式的构件。将标准化设计成果编制成设计图集，包括设计图纸、设计说明、施工指南等。对图集进行校对、审核和定稿，确保图集的质量和准确性。

3.5 后续服务与支持

在施工过程中提供技术支持和现场指导，解决施工中的技术难题。对施工过程进行质量监控，确保施工质量符合设计要求。

4 模块划分和分工

4.1 划分原则

本标准化设计通过对混凝土装配式护壁的内径尺寸、厚度、高度、预留孔尺寸、上横梁和下横梁高度、预留孔数量、预留孔布局位置、每环拼装片数及护壁单片重量等参数进行技术经济比较，确定技术原则，合理划分混凝土装配式护壁模块。

4.1.1 内径尺寸

本标准化设计依据调研结果，以人工挖孔桩施工为对象，结合人工挖孔桩护壁现状，根据实践经验，在边坡或挖方工程中，装配式混凝土护壁的内径尺寸通常在一定范围内波动，这个范围可以满足大多数工程的需求。但具体数值还需要根据工程实际情况进行设计，以确保护壁的稳定性和承载能力。

4.1.2 厚度

本书根据 GB 50204—2015《混凝土结构工程施工质量验收规范》等相关规范，装配式混凝土结构的混凝土保护层厚度一般不应小于一定值，以确保结构的耐久性和安全性。对于装配式混凝土护壁而言，其厚度也应满足相应的要求。

4.1.3 预留孔尺寸

预留孔的尺寸应根据具体设施的要求进行确定。需要考虑设施的尺寸、形状、安装方式及所需的安装空间等因素。预留孔的施工应严格按照设计图纸和施工方案进行。需要确保预留孔的位置、尺寸和形状符合设计要求。在施工过程中应注意保护预留孔周围的混凝土结构，避免损坏或变形。

4.1.4 上、下横梁高度

上、下横梁的高度应根据具体设施的要求进行确定。上、下横梁的施工应严格按照设计图纸和施工方案进行。上、下横梁的高度宜取 60mm。

4.1.5 预留孔数量

预留孔数量应根据具体设施的要求进行确定。预留孔数量的确定应严格按照设计图纸和施工方案进行。每片装配式护壁宜留有 3 个孔。

4.1.6 预留孔布局位置

预留孔布局位置应考虑结构的安全可靠性，同时应严格按照设计图纸和施

工方案进行。为保持护壁受力性能良好应均匀布置。

4.1.7 每环拼装片数

每环拼装片数应考虑安装方便性，同时拼装片数不宜过多，拼装片数过多操作复杂的同时影响施工进度，每环拼装片数宜取 3～4 片。

4.1.8 护壁单片重

混凝土的强度等级越高，其密度和质量通常也越大。因此，高强度等级的混凝土制成的装配式混凝土护壁单片质量会相对较重。在设计和生产过程中，需要合理控制装配式混凝土护壁的质量，以确保其满足运输、安装和使用的要求。过重的护壁会增加运输和安装的难度和成本，甚至可能引发安全事故。在实际工程中，需要根据设计图纸、类似工程经验和实际称重等方法来估算其质量，并采取相应的措施来确保工程的质量和安全性。

4.2 划分和编号

依据调研结果及有关部门意见，结合本设计护壁使用特点对装配式混凝土护壁进行划分。总模块划分一览表见表 4-1。该表通过型号、内径、厚度、高度、进行有效分类，以达到适合多种护壁尺寸应用的目的。

表 4-1　　　　总模块划分一览表

型号	内径/m	厚度/mm	高度/mm	预留孔尺寸/mm	每环拼装片数/片	护壁单片重/kg
J-SD-10	1.0	50	270	200×150	3	26
J-SD-12	1.2	50	270	300×150	3	28
J-SD-14	1.4	50	270	350×150	3	33
J-SD-16	1.6	50	270	350×150	3	40
J-SD-18	1.8	50	270	300×150	4	33
J-SD-20	2.0	50	270	350×150	4	35
J-SD-22	2.2	50	270	400×150	4	39
J-SD-24	2.4	50	270	400×150	4	41

4.3 设计分工

本标准化设计工作量较大，为保证设计工作能按期完成，项目组根据设计经验及工作特点选择 3 家单位参与此次标准化设计工作，具体参与单位及承担内容详见表 4–2。通过产学研用协同机制，构建了"理论研究—技术开发—工程验证"的全链条创新体系，为装配式护壁技术标准化提供了组织保障与技术支撑。

表 4–2 参与单位及承担内容划分表

序号	参编单位	负责内容
1	国网福建省电力有限公司经济技术研究院	技术总负责
2	东北电力大学	装配式护壁设计
3	福建龙岩方圆水泥制品有限公司	装配式护壁生产

5 装配式护壁技术要素与验证方法

5.1 术语和定义

（1）护壁单片：装配式混凝土护壁砌环的基本单元，以混凝土为主要原材料，按混凝土预制构件设计制作的单片。

（2）护壁环：由多片装配式混凝土护壁单片通过螺栓连接，拼装成一个圆形的装配式护壁环。

（3）装配式混凝土护壁：通过 U 形固定卡扣将装配式混凝土护壁环竖向连接而成的混凝土护壁，主要用于输电线路铁塔基础。

（4）裂缝：装配式混凝土护壁单片外表面有伸入混凝土内部的缝隙。

（5）露筋：装配式护壁环片内部的钢筋未被混凝土包裹而外露。

（6）蜂窝：装配式护壁环片外表面因漏浆或缺少水泥砂浆及其他因素而引起的蜂窝状孔洞。

（7）竖直拼接检验：将两环或三环装配式护壁环片沿铅直方向叠加拼装，通过测量管片内径、外径、环与环、块与块之间的拼接缝隙，从而评价管片的尺寸精度和形位偏差。

（8）抗弯性能检验：对装配式混凝土护壁单片施加抗弯设计荷载，分析装配式混凝土护壁单片在抗弯荷载作用下的变形、管片表面裂缝的产生和变化，评价装配式混凝土护壁单片的抗弯性能。

（9）围压性能检验：对装配式混凝土护壁环施加围压设计荷载，分析装配式混凝土护壁环在围压荷载作用下的变形、表面裂缝的产生和变化，评价装配式混凝土护壁环的抗弯性能。

5.2 组成、命名及基本参数

（1）装配式混凝土护壁组成。装配式护壁由预制混凝土管片、U 形固定卡扣、10mm 六角头螺纹螺栓三部分构成。

（2）产品命名。产品型号由类别代号、特征代号、主参数和更新代号组成，表示方法如下：

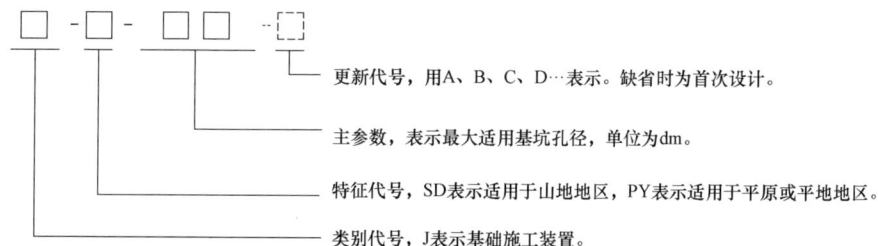

更新代号，用A、B、C、D…表示。缺省时为首次设计。

主参数，表示最大适用基坑孔径，单位为dm。

特征代号，SD表示适用于山地地区，PY表示适用于平原或平地地区。

类别代号，J表示基础施工装置。

（3）基本参数。装配式混凝土护壁基本参数包括护壁内径、护壁厚度、护壁高度、预留孔尺寸、上下横梁高度、预留孔数量、预留孔布局位置、每环拼装片数、护壁单片重量、护壁内弧长、搭接处内弧长等。

5.3 技术要求与性能指标

5.3.1 原材料要求

（1）装配式混凝土护壁的设计强度等级为 C50，配合比设计应符合 JGJ 55 的规定；水泥宜采用强度等级不低于 42.5 的硅酸盐水泥或普通硅酸盐水泥，其质量应符合 GB 175 的规定；脱模时的混凝土抗压强度不应低于设计强度的 75%，出厂时的混凝土抗压强度不应低于设计强度，混凝土抗压强度的检验应符合 GB/T 50081 的规定，混凝土的质量控制应符合 GB 50164 的规定。

（2）普通混凝土的粗骨料宜采用碎石或卵石，其质量应符合 GB/T 14685 的规定。

（3）细骨料宜采用洁净的天然硬质中粗砂或人工砂，细度模数宜为 2.5～3.2，采用人工砂时，细度模数宜为 2.5～3.5，质量应符合 GB/T 14684 的规定。

（4）掺合料的使用不应对制品性能产生有害影响，使用前应进行试验验证。

（5）外加剂的质量应符合 GB 8076 的规定。

（6）混凝土拌合用水的质量应符合 JGJ 63 的规定。

（7）主筋宜采用 HRB400 级钢筋，其质量符合 GB 1499.2 的规定。钢筋下料时，应根据设计要求对钢筋规格、长度、尺寸进行放样下料，采用焊接，焊接点的强度损失不应大于该材料抗拉强度的 5%。

5.3.2 部件技术要求

（1）外观质量要求。装配式护壁混凝土管片应进行外观检验，外观的检验项目和质量要求应按表5-1确定。此表包含项目类别、质量描述内容与质量要求，为装配式护壁外观检验提供了明确依据。

表5-1　　　　装配式混凝土护壁单片外观质量要求

序号	项目	质量描述	质量要求
1	露筋	构件内钢筋未被混凝土包裹而外露的缺陷	不应有
2	蜂窝	构件表面缺少水泥砂浆而形成石子外露的缺陷	不应有
3	孔洞	混凝土中深度和长度均超过保护层厚度的孔穴	不应有
4	夹渣	混凝土中夹有杂物且超过保护层厚度	不应有
5	疏松	混凝土中局部不密实	不应有
6	贯穿裂缝	伸入混凝土内的缝隙	不应有
7	非贯穿裂缝	浇筑裂缝、拼接裂缝等非贯穿性裂缝	裂缝宽度应小于0.01mm
8	连接部位缺陷	构件连接处混凝土有缺陷、螺栓孔堵塞、破损	不应有
9	外形缺陷	构件缺棱掉角、棱角不一翘曲不平、飞边凸肋等	不应有
10	外表缺陷	构件表面麻面、掉皮、起砂、沾污等	不应有

（2）尺寸允许偏差。装配式护壁管片应进行尺寸检验，该标准明确了装配式护壁质量验收的3类核心指标：通过项目性质界定检验范围，以检验项目列示关键控制点，借允许偏差提供量化判定标准。其中，尺寸偏差控制项严格遵循表5-2的模块划分要求，在保障结构安全性能的同时兼顾施工可行性，为护壁工程标准化验收提供了切实可行的判定依据。

表5-2　　　　装配式混凝土护壁单片尺寸允许偏差

序号	项目性质	检验项目	允许偏差/mm
1	主控项目	宽度	±1

序号	项目性质	检验项目	允许偏差/mm
2	主控项目	厚度	±1
3	一般项目	钢筋保护层厚度	±5

5.3.3 成品组装技术要求

（1）竖直成环允许偏差。通过对竖直拼装尺寸进行量化控制，既能确保护壁结构的整体稳定性，又能为施工误差设定科学合理的容限范围，从而为复杂地质条件下装配式护壁的成型质量提供精确的控制依据。装配式护壁环应进行竖直拼装检验，竖直拼装尺寸的检验项目和允许偏差应符合表5-3的规定。

表5-3　　　装配式护壁管片竖直拼装尺寸的检验项目和允许偏差

序号	检验项目	允许偏差/mm
1	成环后内径	±2
2	成环后外径	±2
3	环向缝间隙	0~2
4	纵向缝间隙	0~2

（2）抗弯性能指标。装配式护壁单片开展抗弯性能试验，加载达到设计荷载并持荷30min后，裂缝或裂缝宽度不大于0.2mm。

（3）轴压性能指标。对装配式护壁环进行轴压性能试验时，当加载至设计荷载并持续持荷30min后，装配式护壁环体的裂缝宽度不得大于0.2mm，同时拼装位置处应保持完好无损。

（4）围压性能指标。对装配式护壁环开展围压性能试验，当加载至设计荷载并持荷30min后，装配式护壁环体的裂缝宽度需控制在不大于0.2mm，同时其拼装位置应保持完好状态，无破损、松动等异常情况。

5.4　质量验证试验方法

5.4.1　混凝土强度试验方法

（1）装配式护壁的混凝土强度检验应以检查生产过程的试件强度试验报告为依据，且应采用回弹法或钻芯法对装配式护壁的混凝土强度进行抽样检验。

（2）当采用回弹法检测混凝土管片的混凝土强度时，回弹法检验应按现行行业标准 JGJ/T 23《回弹法检测混凝土抗压强度技术规程》的规定执行。回弹操作面宜选择单片内弧面及管片拼接面。

（3）当抽检混凝土单片的混凝土检验条件不符合现行行业标准 JGJ/T 23《回弹法检测混凝土抗压强度技术规程》有关规定或对回弹法结果有争议时，应采用钻芯法进行混凝土强度检验。钻芯法芯样试件制作及试验应符合国家现行有关标准的规定。

5.4.2　外观、尺寸

（1）装配式护壁单片裂缝检验应先采用目测，当发现裂缝时，应记录每条裂缝的位置、最大宽度和长度，并按表 5–1 判定裂缝类别；裂缝的最大宽度应采用读数显微镜或裂缝宽度检测仪测量，精确至 0.01mm；裂缝长度宜采用钢直尺或钢卷尺测量，精确至 1mm。

（2）装配式护壁单片的宽度检验应采用游标卡尺在内、外弧面的两端部及中部各测点 1 点，共 6 点，精确至 0.1mm。

（3）装配式护壁单片露筋检验应采用目测，发现露筋时应记录外露钢筋的位置及数量。

（4）装配式护壁单片表面孔洞检验应采用目测，发现孔洞时应记录孔洞的位置及数量、每个孔洞的最大孔径和最大深度。孔洞的最大孔径应采用钢直尺或钢卷尺测量，精确至 1mm；最大深度应采用钢直尺和深度游标卡尺测量，钢直尺沿着管片的纵向轴线紧贴在管片表面，然后用深度游标卡尺测量孔洞底部至管片表面的最大距离，精确至 1mm。

（5）装配式护壁单片疏松、夹渣检验应采用目测，发现缺陷时应记录疏松、夹渣的位置及数量。

（6）装配式护壁单片蜂窝检验应采用目测，发现蜂窝时应记录蜂窝的位置及数量。

（7）装配式护壁单片连接部位缺陷检测应采用目测，发现缺陷时应记录螺栓孔堵塞、破损的情况及数量。

（8）装配式护壁单片外形缺陷应采用目测，发现缺陷时应记录缺棱掉角、棱角不一、翘曲不平、飞边凸肋的位置及数量。

（9）装配式护壁单片外表缺陷应采用目测，发现缺陷时应记录表面麻面、掉皮、起砂、沾污的位置及数量。

5.4.3　竖直拼接检测

（1）装配式护壁单片竖直拼装检验时，采用多片护壁管片进行拼装成整环装配式护壁环，并选取不少于 2 环进行竖直拼装。

（2）装配式护壁环的环向缝间隙和纵向缝间隙应全数检验，拼接处的最大缝隙间距应采用游标卡尺测量，精确至 1mm。

（3）装配式护壁环的内径和外径检验，应采用钢卷尺在同一水平测量断面上选择间隔约 45° 的四个方向进行测量，精确至 1mm。

5.4.4　抗弯性能试验方法

（1）装配式混凝土护壁单片抗弯性能检验装置见图 5–1。

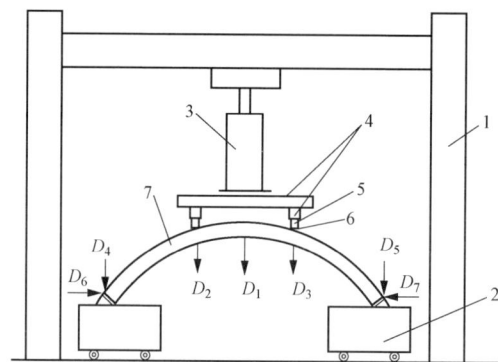

图 5–1　装配式混凝土护壁单片抗弯性能检验装置

1—加载反力架；2—活动小车；3—油压千斤顶；
4—荷载分配梁；5—加压棒；6—橡胶垫；
7—管片；$D_1 \sim D_7$—位移测点

（2）加载反力装置能够提供的反力应不小于最大试验荷载的 1.5 倍。

（3）支撑装配式护壁管片的活动小车应能沿着地面自由滑动。

（4）宜采用螺旋千斤顶进行加载、卸载。

（5）施加给装配式混凝土护壁单片的抗弯荷载应通过荷载分配梁来实现，加载点取 1/3 管片跨度。

（6）分配梁的加压棒长度应与护壁管片宽度相等。

（7）装配式混凝土护壁单片需平稳放置于检验架上，同时在加载点处应垫设厚度不小于 20mm 的橡胶垫。

（8）装配式混凝土护壁单片检验过程中，应布设挠度和水平位移测点。

（9）荷载测量系统既可通过荷载测试仪直接测读数据，也可利用千斤顶油压表进行测量。其中，油压表可选用指针油压表或数字压力表。

（10）位移宜采用百分表测量，百分表可为机械百分表或数字百分表。

（11）裂缝宜采用读数显微镜测量。

（12）装配式混凝土护壁单片抗弯性能检验应采用分级加载方式，明确了装配式护壁单片抗弯检验的分级加载制度。每级加载值需严格符合表5-4的规定，且每级恒载时间不得少于5min。这一检验方式既能精确获取材料力学性能参数，又能为结构安全储备提供量化判定标准，从而为装配式护壁的质量验收确立标准化试验流程。

应记录每级荷载值作用下的各测点位移，并施加下一级荷载。

表5-4　　　　　　　　　　抗弯性能检验加载制度　　　　　　　　　　　%

分级 荷载值	一级	二级	三级	四级	五级	六级	七级
分级加载值设计荷载值	20	20	20	20	10	5	5
累计加载值设计荷载值	20	40	60	80	90	95	100

（13）装配式混凝土护壁单片出现裂缝后，需持续加载10min，在此期间观察裂缝的发展情况，并将本级荷载值确定为开裂荷载实测值。

（14）加载至设计荷载后，应持载30min，观察装配式混凝土护壁单片裂缝的发展情况，记录最大裂缝宽度，随后进行卸载操作，结束检验。

（15）每一级加载后的位移变量，应按下列公式计算：

$$W_1 = D_1 - (D_4 + D_5)/2$$
$$W_2 = (D_2 + D_3)/2 - (D_4 + D_5)/2$$
$$W_3 = (D_6 + D_7)/2$$

式中　W_1——中心点竖向计算位移，mm；

W_2——载荷点竖向计算位移，mm；

W_3——水平点计算位移，mm；

D_1——中心点竖向测量位移，mm；

D_2、D_3——载荷点竖向测量位移，mm；

D_4、D_5——端部中点竖向测量位移，mm；

D_6、D_7——端部中点水平测量位移，mm。

（16）应绘制中心点位移、荷载点位移、水平点位移与荷载的关系曲线图。

（17）应提供每级荷载作用下裂缝位置、长度和宽度的图表。

（18）当出现下列情况之一时，检验失败，应重新检验：①位移变量曲线出现异常突变；②装配式混凝土护壁单片在加载点处出现局部破坏。

5.4.5　轴压性能试验方法

（1）装配式混凝土护壁环轴压性能检验装置见图5-2。

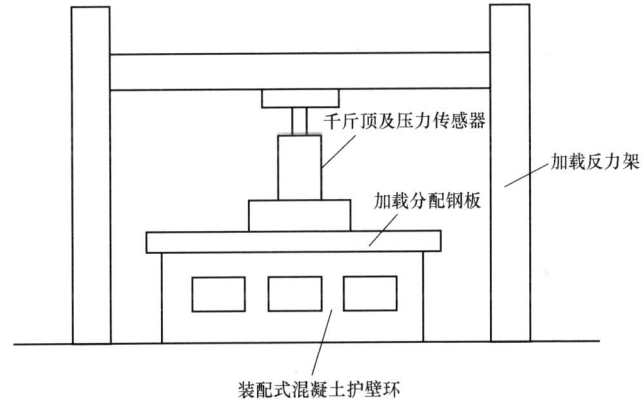

图5-2　装配式混凝土护壁环轴压性能检验装置

（2）加载反力装置能够提供的反力应不小于最大试验荷载的1.5倍。

（3）宜采用螺旋千斤顶进行加载、卸载。

（4）施加给装配式混凝土护壁单环的轴压荷载应通过轴压装置实现。

（5）装配式混凝土护壁环在加载过程中进行轴向中心加载。

（6）装配式混凝土护壁环需平稳安置于检验架上，同时在加载点处应垫设厚度不小于20mm的橡胶垫。

（7）荷载测量系统既可用荷载测试仪直接测读数据，也能通过千斤顶油压表测量获取，油压表可选择指针油压表或数字压力表。

（8）裂缝宜采用读数显微镜测量。

（9）装配式混凝土护壁环的轴压性能检验应采用分级加载方式，每级加载值需严格符合表5-5的规定，且每级恒载时间不得少于5min。这一检验方式既能精确获取材料力学性能参数，又能为结构安全储备提供量化判定标准，进而为装配式护壁的质量验收建立起标准化试验流程。应记录每级荷载值作用下的各测点位移，并施加下一级荷载。

表 5-5 轴压性能检验加载制度 %

荷载值 \ 分级	一级	二级	三级	四级	五级	六级	七级
分级加载值设计荷载值	20	20	20	20	10	5	5
累计加载值设计荷载值	20	40	60	80	90	95	100

（10）当装配式混凝土护壁单片出现裂缝后，需保持荷载持续 10min，在此期间密切观察裂缝发展情况，并将本级荷载值确定为开裂荷载实测值。

（11）加载至设计荷载后，应维持荷载 30min，观察装配式混凝土护壁单片的裂缝开展状况，记录最大裂缝宽度，随后进行卸载操作，终止检验流程。

5.4.6 围压性能试验方法

（1）装配式混凝土护壁环围压性能检验装置见图 5-3。

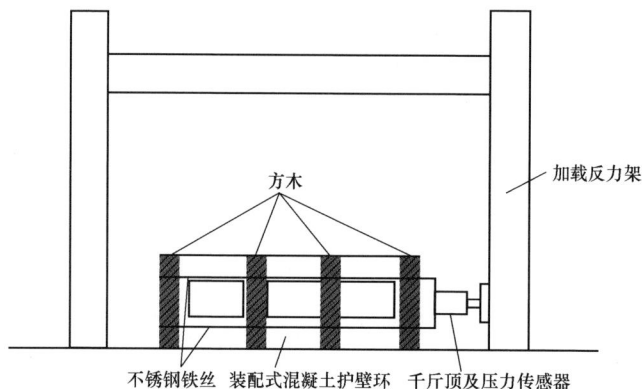

图 5-3 装配式混凝土护壁环轴压性能检验装置

（2）加载反力装置提供的反力必须达到或超过最大试验荷载的 1.5 倍。

（3）宜采用螺旋千斤顶进行加载、卸载。

（4）施加给装配式混凝土护壁环的围压荷载应通过环向钢丝绳来实现。

（5）钢丝绳应通过均匀分布的方木将力传给装配式混凝土护壁环。

（6）装配式混凝土护壁环在加载过程中不发生转动。

（7）荷载测量系统可通过荷载测试仪直接测读数据，也可借助千斤顶油压表进行测量，其中油压表可选用指针油压表或数字压力表。

（8）裂缝宜采用读数显微镜测量。

（9）装配式混凝土护壁环的围压性能检验应采用分级加载方式，每级加载值需严格符合表 5-6 的规定，且每级恒载时间不得少于 5min。这一检验方式既能精确获取材料力学性能参数，又能为结构安全储备提供量化判定标准，从而为装配式护壁的质量验收提供标准化的试验流程。应记录每级荷载值作用下的各测点位移，并施加下一级荷载。

表 5-6 围压性能检验加载制度 %

荷载值 \ 分级	一级	二级	三级	四级	五级	六级	七级
分级加载值设计荷载值	20	20	20	20	10	5	5
累计加载值设计荷载值	20	40	60	80	90	95	100

（10）当装配式混凝土护壁单片出现裂缝后，需维持荷载持续 10min，在此期间仔细观察裂缝的发展情况，并将本级荷载值确定为开裂荷载实测值。

（11）当加载达到设计荷载时，应保持荷载持续 30min，观察装配式混凝土护壁单片的裂缝发展状况，记录最大裂缝宽度，随后进行卸载操作，结束检验流程。

6 装配式护壁检验

6.1 检验分类

检验分为型式检验和出厂检验。

6.2 型式检验

在下列情况下，应进行型式试验：

（1）新产品或老产品转厂生产的试制定型鉴定。

（2）正常生产后，如材料、工艺有较大改变，可能影响产品性能时。

（3）当不同规格的装配式混凝土护壁生产量达到 500 套或在 12 个月内生产总数不足 500 套时。

（4）产品长期停产后，恢复生产时。

（5）出厂检验结果与上一次型式检验结果有较大差异时。

（6）国家或地方质量监督机构提出进行型式检验要求时。

型式检验的产品需从出厂检验合格的产品中抽取，抽样检验数量规定为每 500 环抽检 1 环，若产品总数不足 500 环，则按 500 环进行抽样检验。

6.3 出厂检验

出厂产品以相同规格、相同原材料、相同工艺的装配式混凝土护壁为一个批量，抽样检验数量应每 500 环抽检 1 环，不足 500 环时按 500 环计。

6.4 检验项目

其中"检验项目"列覆盖结构性能、几何尺寸、材料强度等 6 类核心指标。

按照表 6-1 执行。通过"型式检验、出厂检验"双层级控制，既保障产品质量的可追溯性，又为工程应用提供量化准入依据。

表 6-1　　　　　　　　　输电线路挖孔基础装配式护壁检验项目

序号	检验项目	检验类型		检验要求	试验方法
		出厂检验	型式检验		
1	砼强度检测	√	√	5.1.1	6.1
2	外观检测	√	√	5.2.1	6.2
3	尺寸检测	√	√	5.2.2	6.2
4	竖直拼装检测	√	√	5.3.1	6.3
5	抗弯性能检测	√	√	5.3.2	6.4
6	轴压性能检测	√	√	5.3.3	6.5
7	围压性能检测	√	√	5.3.4	6.6

6.5 判定规则

（1）出厂检验判定条件：监测装置应按出厂检验要求项抽查检验，检验项目全部符合要求，则判定合格。

（2）型式检验判定条件：型式检验的样品应从出厂检验合格的产品中抽取。若出现一项性能指标不合格的情况，需针对该不合格指标，双倍数量抽取输电线路挖孔基础装配式护壁环片进行复检。若复检结果合格，剔除首次抽检不合格的环片后，该检验批护壁环片可判定为合格；若复检仍不合格，则需对该检验批护壁环片的该项目进行逐件检验，仅检验合格的环片方可投入使用。

6 装配式护壁检验·11·

7 主要技术特点

7.1 施工速度快

装配式混凝土护壁采用预制构件进行组装，无须进行现场浇筑和养护，从而显著缩短了施工周期。这种快速施工的特点使得装配式混凝土护壁在需要快速完成工程或缩短工期的项目中具有显著优势。

7.2 节省人工成本

由于装配式混凝土护壁采用预制构件，减少了现场浇筑和养护所需的人工操作，从而降低了人工成本。此外，预制构件的标准化和模块化设计也简化了施工过程，提高了工作效率。

7.3 提高施工安全性

装配式混凝土护壁在施工现场进行组装，减少了高空作业和重型机械的使用，降低了施工过程中的安全风险。同时，预制构件的质量易于控制，有助于确保整个护壁结构的稳定性和安全性。

7.4 环保效益显著

装配式混凝土护壁简化了施工现场的混凝土搅拌和养护过程，从而减少了扬尘、噪声和废水等污染物的排放。此外，预制构件的重复使用和循环利用也符合绿色建筑的理念，有助于减少资源浪费和环境污染。

7.5 易于维护和修复

装配式混凝土护壁的预制构件易于拆卸和更换，使得维护和修复工作更加简便。在需要维修或更换部分构件时，可以迅速完成，降低了维护成本和停机时间。

7.6 良好的结构性能

装配式混凝土护壁采用预制构件进行组装，可以确保构件之间的紧密连接和整体稳定性。同时，混凝土材料本身具有较高的强度和耐久性，使得装配式混凝土护壁具有良好的抗风压、抗震和抗冲击能力。

8 综合效益分析

8.1 影响因素分析

本标准化设计取得较好经济效益，其主要因素如下：

（1）标准化设计使得预制构件可以实现规模化生产，从而提高了生产效率。规模化生产有助于降低生产成本，因为固定成本（如设备、厂房等）可以在更多的产品上分摊。标准化设计使得预制构件的生产可以更加容易实现自动化和机械化。自动化生产线的应用提高了生产效率，减少了人工操作，降低了人工成本。

（2）标准化设计促使预制构件的尺寸与形状趋于统一，进而能够更精准地把控材料用量。这有助于减少材料的浪费，提高材料利用率。标准化设计可以通过优化材料结构来降低材料成本。例如，通过合理的结构设计来减少不必要的材料使用，或者采用更加经济、环保的材料替代方案。

（3）标准化设计使得预制构件的组装和安装过程更加简单和标准化。这有助于降低施工难度，减少施工过程中的错误和返工，从而降低施工成本。标准化设计使得更多的工作可以在工厂完成，减少了现场作业的时间和人力成本。这也有助于降低施工现场的安全风险，减少安全事故的发生。

（4）标准化设计的预制构件通常具有标准化的接口和连接方式，这使得维护和更换工作更加简单和方便。这有助于降低维护成本，延长护壁的使用寿命。标准化设计可以通过优化结构设计和材料选择来提高护壁的整体性能。这使得护壁更加耐久和可靠，减少了因损坏或故障而产生的维修成本。

（5）标准化设计使得装配式混凝土护壁在市场上更加具有竞争力。这有助于扩大市场份额，提高销售量，从而增加经济效益。标准化设计使得装配式混凝土护壁更加容易推广和应用。这有助于降低市场推广和应用的成本，提高市场接受度。

8.2 经济效益分析

标准化设计使得预制构件可以实现规模化生产，从而降低生产成本。通过优化生产流程和提高生产效率，企业可以在保证质量的前提下，降低原材料和人工的消耗，进而减少生产成本。标准化设计简化了施工流程，减少了现场作业的时间和人力成本。预制构件的现场组装和安装过程更加简单和标准化，降低了施工难度和错误率，减少了返工和维修成本。标准化设计实现了预制构件尺寸与形状的高度统一，不仅能够更精确地控制材料用量，有效减少浪费，还能显著提升材料利用率。由于装配式混凝土护壁标准化设计提高了施工效率和质量，缩短了工期，从而加快了项目的投资回收速度。相比传统建筑方式，装配式混凝土护壁的投资回收期通常更短，为投资者带来了更快的资金回报。

标准化设计使得装配式混凝土护壁在市场上更加具有竞争力。通过提高产品质量、降低成本和缩短工期，企业可以在市场上获得更大的份额，提高销售量，从而增加经济效益。

8.3 社会效益分析

装配式混凝土护壁标准化设计减少了现场作业的时间和人力成本，降低了施工现场的安全风险。通过优化施工流程和提高施工效率，可以减少施工过程中的安全事故和人员伤亡。标准化设计使得施工现场更加整洁、有序。预制构件的现场组装和安装过程减少了噪声、粉尘和废水的排放，改善了施工环境，减少了对周边居民的影响。装配式混凝土护壁产业的发展需要大量的专业人才和技术工人。通过标准化设计，可以推动相关产业的发展和升级，创造更多的就业机会，提高就业质量。

8.4 环境效益分析

装配式混凝土护壁标准化设计减少了施工现场的混凝土搅拌和养护过程，从而减少了能源消耗和碳排放。同时，预制构件的工厂化生产也降低了能源消耗和废弃物排放。标准化设计使得预制构件的拆卸和更换更加简单和方便。通过优化结构设计和材料选择，可以实现资源的循环利用和有效管理，为可持续发展做出贡献。

综上所述，装配式混凝土护壁标准化设计在经济效益、社会效益及环境效益方面均表现出显著的优势。通过降低成本、缩短工期、提高市场竞争力、改善施工环境、促进就业和产业升级以及节能减排和资源循环利用等措施，装配式混凝土护壁标准化设计为投资者和社会带来了可观的经济效益和社会效益。

9.1　施工准备

9.1.1　电源供给

需要提供 220V 交流电源，以供一体化装置和照明等设备的使用。

9.1.2　地面平整

坑洞洞口需平整、水平，无明显凸起凹陷等，卡盘放置后使用水平仪监测，确保卡盘保持水平。

9.1.3　熟悉图纸及工艺流程

施工前应熟悉装配式护壁图纸、现场地质情况及装配式护壁施工的工艺流程。

9.2　施工工艺

装配式混凝土护壁施工流程主要包括桩定位校核、开孔、第一段护壁土方开挖、护壁卡盘安装、一体化装置安装、第一节护壁安装、第二节护壁安装、第二段护壁土方开挖、偏差检查、逐层往下循环作业、气体检测和送风、扩底部分开挖、终孔验收、浇筑及护壁卡盘拆除、露头部分浇筑等。施工工艺流程图如图 9-1 所示。

9.2.1　桩定位校核

根据桩心与轴线的坐标位置关系，测放出桩心控制十字线。反复确认桩心十字线无误后，方可进入开挖阶段。

9.2.2　开孔

根据桩径选择开挖尺寸，护壁尺寸应小于桩径尺寸，以保证护壁的顺利下沉，且满足装配式护壁与土体之间有足够的空间，以保证混凝土填充密实。

9.2.3　第一段护壁土方开挖

桩孔开挖应从上至下逐层进行，先挖中间部分，然后扩及周边，开挖过程中应时刻控制开挖的截面尺寸，第一段的高度应根据土质好坏、操作条件而定，一般以 0.7m 为宜。

9.2.4　护壁卡盘安装

（1）平整坑口周围土层，组装钢质护壁卡盘。

（2）卡盘安装完毕后调整卡盘使其保持水平并与桩中心同心。

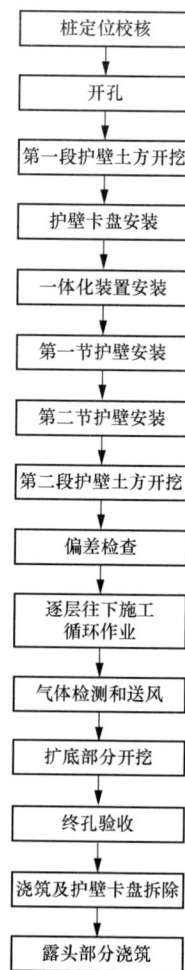

图 9-1　施工工艺流程图

9.2.5　一体化装置安装

（1）使用锚固钢钎安装一体化装置机架结构，根据基坑尺寸或基坑周边地形调整机架支腿长度，机架应保持水平稳固。

（2）一体化装置提料机构的额定提升质量应大于一个护壁环的质量。

（3）一体化装置应具备实时气体检测报警功能，检测气体至少应包括氧气、一氧化碳、硫化氢和甲烷。

（4）一体化装置应具备送风功能，额定送风量不应小于25L/s，作业时送风管管口必须放置于工作面处。

（5）一体化装置应配备软梯挂点、缓降器挂点、应急救援滑车，且上述三种部件不应设置在机架同一侧。

（6）一体化装置提料机构、气体检测报警器、通风机构、软梯挂点、缓降器挂点、应急救援滑车等零部件与机架安装应牢固可靠。

（7）机架应设置防护栏杆，防护栏杆高度不应低于1.2m；机架底部应设置挡石围挡，挡石围挡高度不应小于250mm，安装离地高度不应大于20mm。挡石围挡宜选用方形或圆形冲孔围挡，选用方形冲孔围挡时，网格孔尺寸不应大于20mm×20mm；选用圆形冲孔围挡时，网格孔直径不应大于ϕ20mm。

9.2.6 第一节护壁安装

（1）用一体化装置的提料机构把组成一环护壁的3个或者4个护壁片逐一下吊到坑底，护壁下降时应用导引绳控制其水平摆动量，防止护壁片与坑壁碰撞破损。

（2）在坑底将护壁片使用螺栓进行连接拼装，组成一个完整圆形护壁环。

（3）使用配套吊装工具将整个护壁环水平吊起至坑口位置，使卡盘插销能伸出到护壁预留中间孔内，并确保护壁环与桩同心。

（4）将护壁卡盘插销伸出，将护壁环放置在卡盘插销上，取下吊装工具。

（5）将桩位十字轴线和标高侧设在护壁的上口，用十字线对中，吊线坠向井底投射，以半径尺杆检查护壁的垂直平整度和孔中心。桩垂直度一般不应超过桩长的3‰，最大不超过50mm。

9.2.7 第二节护壁安装

（1）使用同样的方法将第二节护壁环的护壁片吊装至坑底组装成一个完整圆形护壁环。

（2）使用配套吊装工具将整个护壁环水平吊起至第一节护壁下方，使用U形卡扣与第一节护壁进行连接，上、下两节护壁应错位30°～40°安装，保证护壁受力稳定和卡扣的安装方便。

（3）安装完成后取下吊装工具。

（4）根据桩孔内剩余空间，使用同样方法安装下一节护壁，直至剩余空间不足以安装一节护壁为止。

（5）从第3节护壁开始，每间隔2节护壁（即从上往下第3、6、9……节护壁），应打钢钎作为二次防护加固，每一个护壁片在其边上两孔中各打一根钢钎，该护壁环需打6～8根钢钎。

9.2.8 第二段基坑土方开挖

开挖应从上至下逐层进行，先挖中间部分，然后扩及周边，注意开挖过程中时刻控制开挖的截面尺寸，开挖深度根据土质好坏、操作条件而定，一般以0.9～1.2m为宜。

9.2.9 偏差检查

将桩位十字轴线和标高侧设在护壁的上口，用十字线对中，吊线坠向井底投射，以半径尺杆检查孔壁的垂直平整度和孔中心。桩垂直度一般不应超过桩长的3‰，最大不超过50mm。

9.2.10 逐层往下循环作业

逐层往下施工，每挖一段护壁坑土方，依照第二节护壁的安装方法，依次安装该段护壁的全部装配式混凝土护壁，并检查护壁偏差情况和安装固定钢钎。根据现场土质和施工需求，选择是否安装砂石防护网和钢丝绳防坠保护。

9.2.11 气体检测和送风

（1）每日开工前必须检测井下的有毒、有害气体，并应有足够的安全防范措施。

（2）当基坑深度大于5m后，宜用风机或风扇向坑底送风，每次送风时间不小于5min。

（3）当基坑深度大于10m后，应用专用送风设备不间断向坑底送风，风量不小于25L/s。

9.2.12 扩底部分开挖

挖扩底桩应先挖扩底部位桩身的圆柱体，再按扩底部位的尺寸、形状自上而下削土扩充，达到设计要求基坑标高。扩底部分可不放装配式混凝土护壁。

9.2.13 终孔验收

（1）当挖至设计桩底标高时，应进行孔底的清理工作，应保证孔底平整、无污泥、无松渣、无沉淀等。

（2）如安装有砂石防护网，应在挖至设计桩底标高后逐层拆除。

9.2.14 浇筑及护壁卡盘拆除

（1）终孔验收合格后，按照标准放置钢筋笼，并进行水泥浇制，水泥浇制面应低于卡盘插销位置。

（2）待水泥浇制完成后，抽出卡盘插销，拆除护壁卡盘。

（3）若使用了钢丝绳防坠保护，应拆除露出地面部分。

9.2.15 露头部分浇筑

（1）使用配套支模模具将地面露头部分围住，按照施工要求露出地面相应高度。

（2）确定地脚螺栓位置，固定牢固后，进行水泥浇筑。

（3）待水泥完全凝固后，拆除模具。

9.3 安全措施

9.3.1 可视化监控

坑顶宜安装高清摄像头，可通过配置的电脑或显示器等设备实时观看坑底施工情况。

9.3.2 环境智能监测保护

施工作业范围应安装气体检测报警装置，进行环境智能监测防护。利用气体监测报警装置对基坑内有毒有害气体及氧气含量进行监测，并在有安全风险时发出声光报警，采取措施强制送风。

9.3.3 电路保护

电控柜应配套剩余电流动作保护器、过载熔断保护器、空气开关等保护装置，提供电路漏电、短路、缺相、过载等保护。

9.3.4 缓降保护

缓降器挂点应设置防止缓降器意外脱钩的钩口闭锁装置。

9.3.5 护栏保护

一体机装置机架应设置防护栏杆，防护栏杆高度不应低于 1.2m；机架底部应设置挡石围挡，挡石围挡高度不应小于 250mm，安装离地高度不应大于 20mm。挡石围挡宜选用方形或圆形冲孔围挡，选用方形冲孔围挡时，网格孔尺寸不应大于 20mm×20mm；选用圆形冲孔围挡时，网格孔直径不应大于 ϕ20mm。

9.3.6 砂石防护

现场施工土质较为疏松时，应在护壁内侧安装砂石防护网，防止施工过程中小石子、土块等物坠落砸伤施工人员。

9.3.7 钢丝绳二次防坠保护

现场施工土质较为疏松时，应配套 3 根钢丝绳对护壁进行二次保护，地面

使用固定锚进行固定，每隔 2～3m 对护壁进行固定连接，出现突发情况时可以承担整个护壁的重量，防止坠落。

9.3.8 应急救援设备

施工作业时应提供应急救援软梯、安全绳、对讲机、应急手扳葫芦等设备，在出现突发情况时，可提供紧急救援。

9.4 质量要求、检查及验收

9.4.1 错位安装

相邻上、下两节护壁应错位 30°～40°进行安装，每隔 2 节护壁后，第 4 节护壁和第一节护壁位置恢复对应，以确保护壁受力均匀。

9.4.2 偏差检测

每段基坑土方挖孔完成后，应进行偏差检测，将桩位十字轴线和标高侧设在护壁的上口，用十字线对中，吊线坠向井底投射，以半径尺杆检查孔壁的垂直平整度和孔中心。基础轴线、标高井圈中心线与设计轴线的偏差不应超过桩长的 3‰，最大不超过 50mm。

9.4.3 钢钎加固要求

从第 3 节护壁开始，每间隔 2 节护壁（即从上往下第 3、6、9……节护壁），应打钢钎作为二次防护加固，每一个护壁片在其边上两孔中各打一根钢钎，根据护壁环组成护壁片数量的不同，该护壁环至少需固定 6 根或 8 根钢钎。

9.4.4 U 形卡扣安装要求

上、下两节护壁之间应使用配套强度等级 4.8 级及以上的 U 形卡扣进行连接固定，U 形卡扣开口方向应朝上，每个护壁片应至少安装 2 个 U 形卡扣，根据护壁环组成护壁片数量的不同，上、下两节护壁之间至少安装 6 个或 8 个U 形卡扣。

9.4.5 土方清理要求

挖出的土石方应及时运离孔口，不得堆放在孔口四周 1m 范围内，堆芯高度不应超过 1.5m，机动车辆的通行不得对井壁的安全造成影响。

9.4.6 施工环境监测要求

每日开工下孔前应检测孔内空气，当存在有毒、有害气体时，应首先排除，不得用纯氧进行通风换气。当孔深超过 5m 时，宜用风机或风扇向孔内送风不少于 5min，排除孔内浑浊空气。孔深超过 10m 时，应有专用风机向孔内送风，风量不得少于 25L/s。

9.4.7 施工缝隙要求

护壁组装后，护壁片之间的缝隙不应大于2mm，上下护壁环之间的间隙不应大于2mm，前后错差不应大于5mm。

9.4.8 螺栓安装要求

卡盘组装和护壁片之间的连接应使用螺栓进行连接，螺栓应采用6.8级及以上，螺母应留在护壁环内侧，固定应紧固无松动。

9.4.9 暂停施工要求

与设计地质出现差异时应停止挖孔，查明原因并采取措施后再进行作业。挖孔完成后，应当天验收，并及时将桩身钢筋笼就位和浇筑混凝土，暂停施工的孔口应设通透的临时网盖。

9.4.10 验收要求

孔桩深度应不小于设计桩底标高，孔底应平整、无污泥、无松渣、无沉淀等，护壁环应安装连接紧固，浇筑后水泥露出地面高度应符合设计要求，地脚螺栓定位应反复校核无误，并固定牢固。

9.5 环保水保措施

（1）对施工界内的植物、草皮、树木等做到尽力维护原状，砍伐树木和其他经济植物时，事先征得所有者和业主的批示同意，严禁超范围砍伐。必要时采取迁移保护，工程完工后及时恢复；对施工界外的严禁损伤破坏；集中将铲除的草皮养护好用于地表或坡面防护。

（2）禁止污水遍地排放，霉质食物四处抛洒。

（3）对施工废弃物和生活垃圾须集中运至指定垃圾处理厂进行处理，严防逸散。

（4）严格设计核准临时用地范围内开展施工作业活动，绝不随意开挖界外土地。合理规划施工便道，尽量减少便道数量。

（5）工程施工完成后，须及时清理施工现场，保护水沟自然畅通，防止积淤或冲刷。

（6）对于挖孔桩施工产生的泥浆、弃料、清洗设备及工具的水泥浆、油垢等，需用车辆拉运至指定的地点倾倒，并设渗坑进行处理，不得随意排放到河流、水沟，以免造成河流和水源污染。

（7）在运输水泥、砂石等易飞扬物料时用篷布覆盖严密，拼装量适中，不得超越运输。

（8）按设计要求及时采取工程措施，防止风蚀、水蚀。

10.1 标准化设计文件

本标准化设计中，主要设计内容包括设计说明、装配式护壁使用条件，装配式护壁一览图、装配式护壁试验等相关资料，在具体的工程设计中，可根据实际需要有选择地使用。

本标准化设计成果可用于采用人工挖孔的人工挖孔桩施工、初步设计、施工图设计阶段。具体工程设计时，需要结合工程实际情况，选择经济、合理的装配式护壁。

10.2 装配式护壁名称查询说明

本着"唯一性、相容性、通用性、方便性和扩展性"的原则，根据护壁内径进行模块划分，根据护壁型号和适用地区等技术条件组合，划分若干个模块，模块命名规则如下：

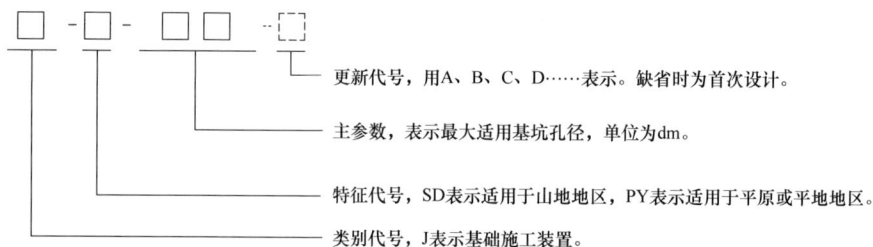

更新代号，用A、B、C、D……表示。缺省时为首次设计。

主参数，表示最大适用基坑孔径，单位为dm。

特征代号，SD表示适用于山地地区，PY表示适用于平原或平地地区。

类别代号，J表示基础施工装置。

J 表示基础施工装置，SD 表示适用于山地地区，PY 表示适用于平原或平地地区。更新代号，用 A、B、C、D……表示。缺省时为首次设计。

10.3 装配式护壁使用说明

根据实际工程地质条件、地形情况、基坑尺寸等设计参数，在确保不超条件使用的基础上选择相应模块护壁。

（1）实际工程地质条件、地形情况等。

（2）装配式护壁高度、厚度等。

（3）装配式护壁连接方式。

（4）装配式的内径尺寸。

（5）装配式护壁的预留孔洞大小、预留孔洞的数量。

（6）其他。

10.4 装配式护壁选型原则

尽量避免"以大代小"使用情况的发生，严禁未经验算而超条件使用标准化设计护壁。

10.5 注意事项

（1）结合工程具体情况，选择经济、合理的装配式护壁模块。

（2）在具体工程设计中，根据实际技术条件，选择符合条件的相关装配式护壁。

（3）当标准化设计装配式护壁中没有完全匹配使用条件的模块时，可按就近的原则并经校验后使用，或选择标准图集以外的其他装配式护壁。

（4）严禁未经验算或超条件使用本图集设计装配式护壁。

11.1 装配式护壁卡盘结构图

（1）护壁卡盘结构示意图如图 11-1 所示。

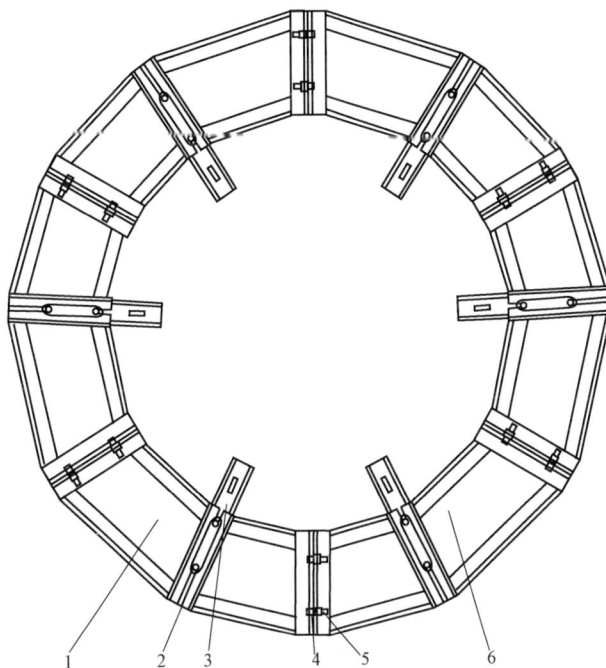

图 11-1 护壁卡盘结构示意图

1—卡盘片左；2—插销定位螺栓；3—插销；4—卡盘片连接螺栓；5—卡盘片连接螺母；6—卡盘片右

（2）吊装工具结构示意图如图 11 – 2 所示。

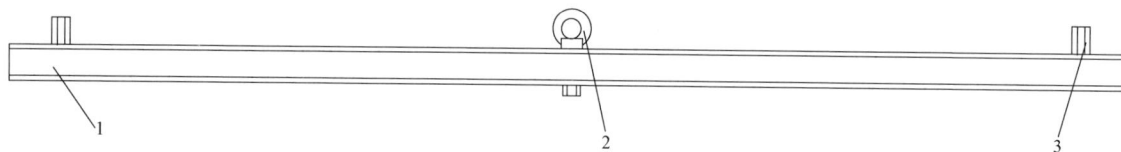

图 11 – 2　吊装工具结构示意图

1—40×40×4 方钢管；2—M10 吊环螺母；3—定位块

（3）一体化装置典型结构示意图如图 11 – 3 所示。

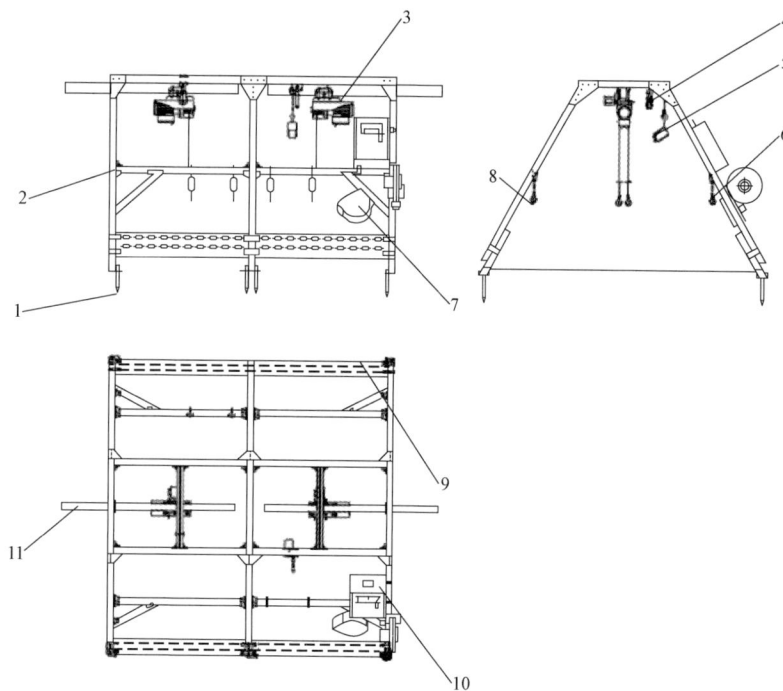

图 11 – 3　一体化装置典型结构示意图

1—锚固钢钎；2—机架；3—提料机构；4—应急救援滑车；5—气体检测报警装置；6—软梯挂点；
7—通风机构；8—缓降器挂点；9—挡石围挡；10—控制箱；11—轨道

（4）一体化装置旋转移动卸料结构示意图如图 11-4 所示。

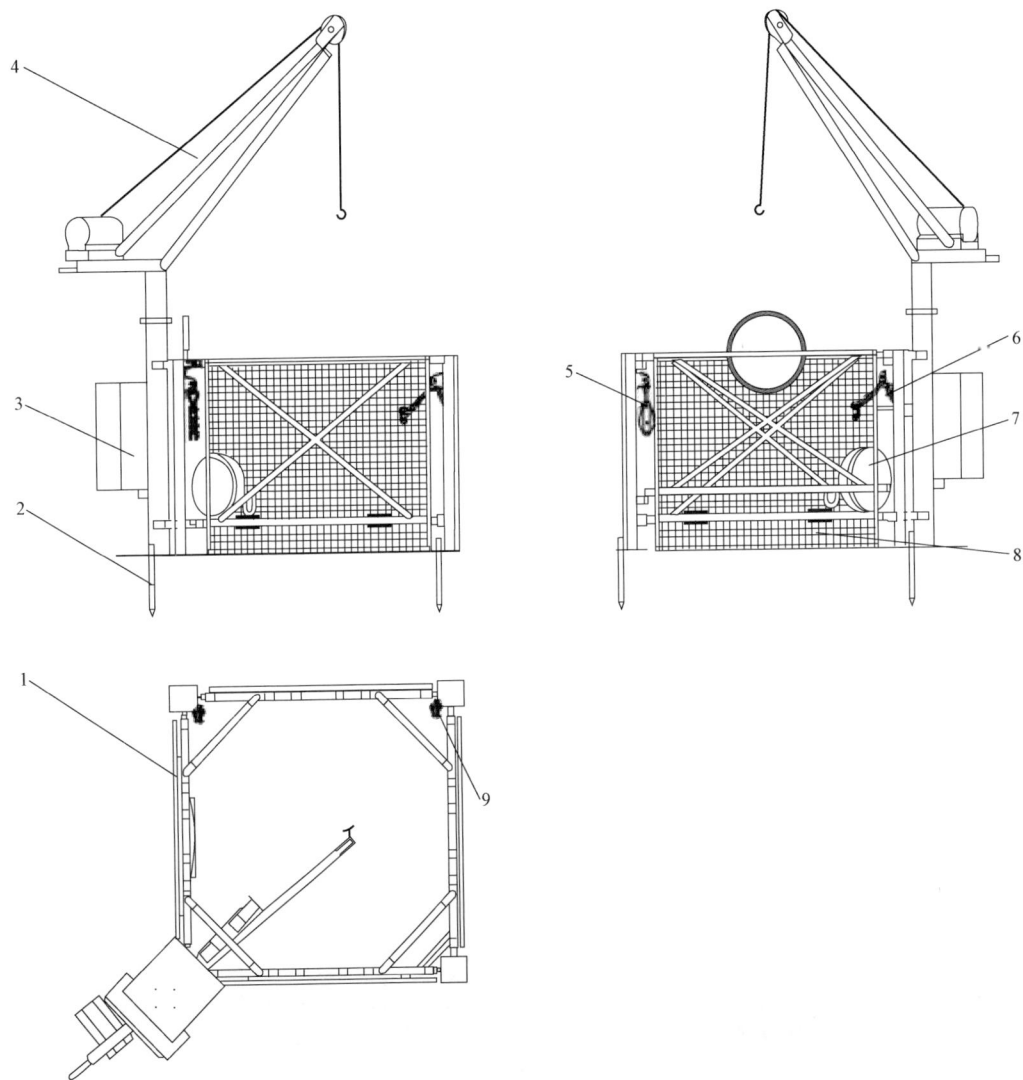

图 11-4　一体化装置旋转移动卸料结构示意图

1—机架；2—锚固钢钎；3—控制箱；4—提料机构；5—应急救援滑车；6—软梯挂点；
7—通风机构；8、9—挡石围挡

（5）单个护壁环组装示意图（3片一环规格）如图 11－5 所示。

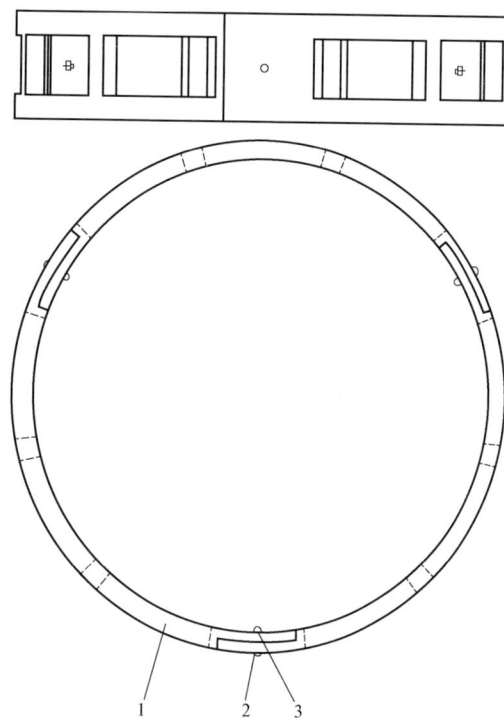

图 11－5　单个护壁环组装示意图（3 片一环规格）

1—护壁片；2—护壁连接螺栓；3—护壁连接螺母

（6）护壁环整体组装示意图（3片一环规格）如图 11-6 所示。

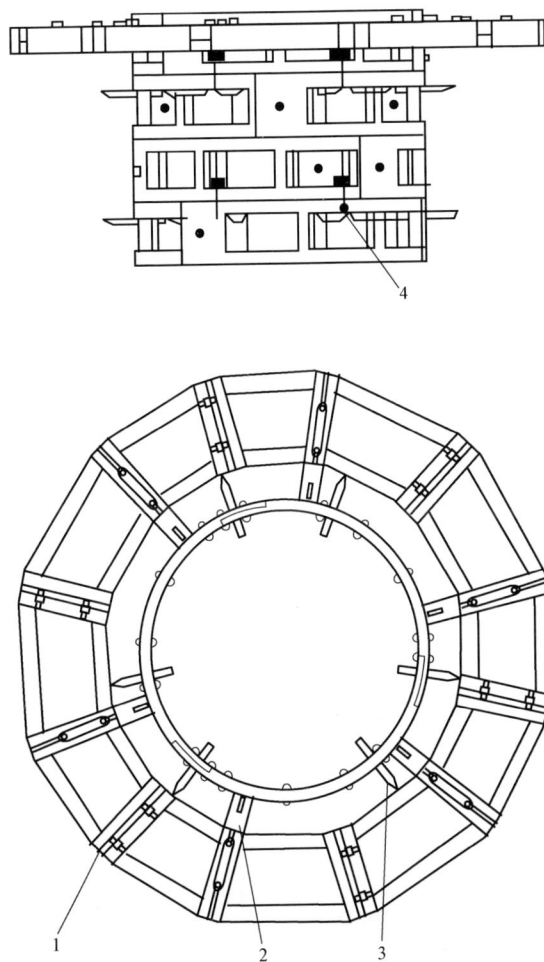

图 11-6　护壁环整体组装示意图（3片一环规格）

1—护壁卡盘；2—插销；3—钢钎；4—U 形卡扣

11.2 装配式护壁施工图

（1）装配式护壁内径 1.0m 如图 11-7 所示。

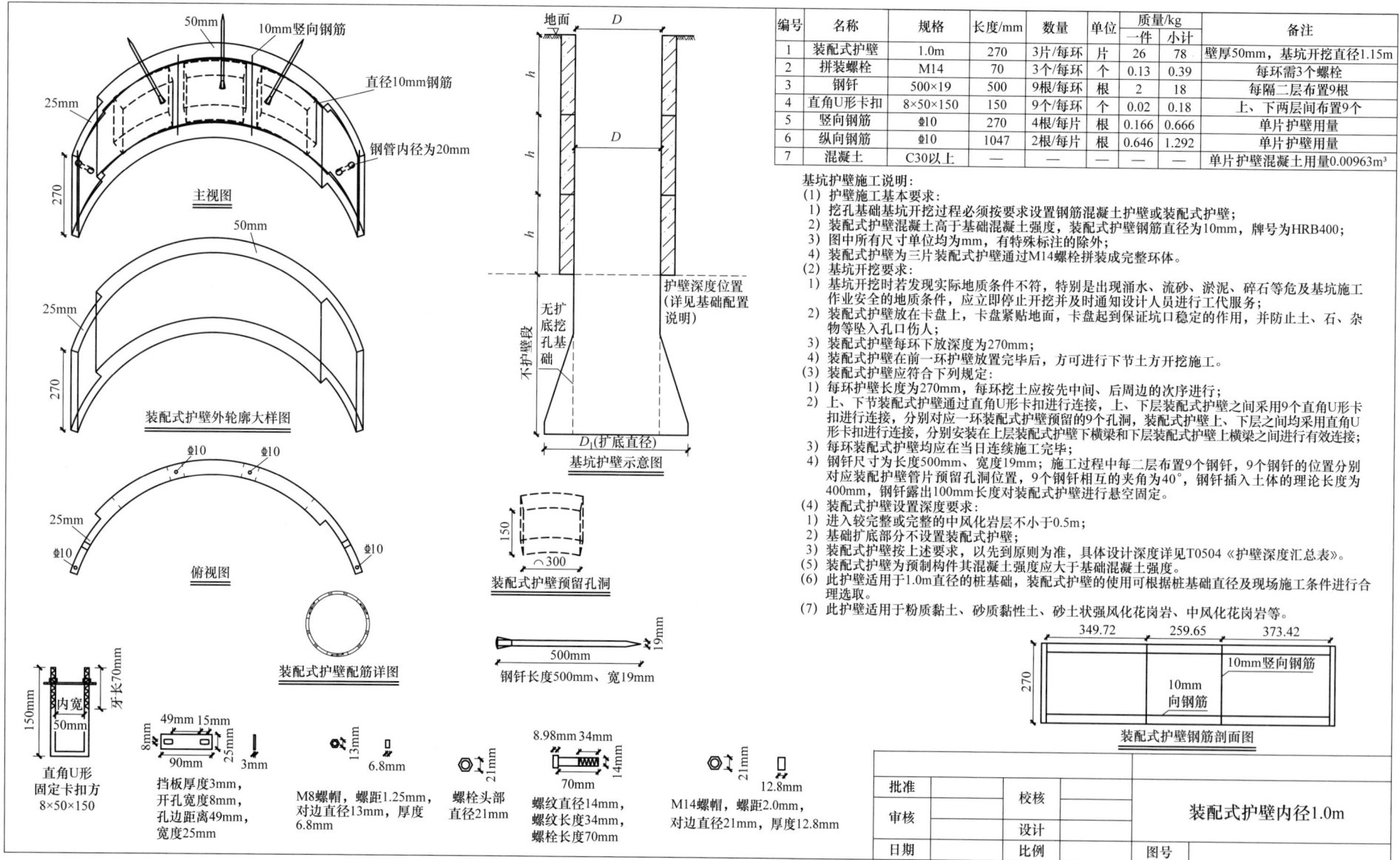

编号	名称	规格	长度/mm	数量	单位	质量/kg 一件	质量/kg 小计	备注
1	装配式护壁	1.0m	270	3片/每环	片	26	78	壁厚50mm，基坑开挖直径1.15m
2	拼装螺栓	M14	70	3个/每环	个	0.13	0.39	每环需3个螺栓
3	钢钎	500×19	500	9根/每环	根	2	18	每隔二层布置9根
4	直角U形扣	8×50×150	150	9个/每环	个	0.02	0.18	上、下两层间布置9个
5	竖向钢筋	Φ10	270	4根/每片	根	0.166	0.666	单片护壁用量
6	纵向钢筋	Φ10	1047	2根/每片	根	0.646	1.292	单片护壁用量
7	混凝土	C30以上	—	—	—	—	—	单片护壁混凝土用量0.00963m³

基坑护壁施工说明：
（1）护壁施工基本要求：
1）挖孔基础基坑开挖过程必须按要求设置钢筋混凝土护壁或装配式护壁；
2）装配式护壁混凝土高于基础混凝土强度，装配式护壁钢筋直径为10mm，牌号为HRB400；
3）图中所有尺寸单位均为mm，有特殊标注的除外；
4）装配式护壁为三片装配式护壁通过M14螺栓拼装成完整环体。
（2）基坑开挖要求：
1）基坑开挖时若发现实际地质条件不符，特别是出现涌水、流砂、淤泥、碎石等危及基坑施工作业安全的地质条件，应立即停止开挖并及时通知设计人员进行工代服务；
2）装配式护壁放在卡盘上，卡盘紧贴地面，卡盘起到保证坑口稳定的作用，并防止土、石、杂物等坠入孔口伤人；
3）装配式护壁每次下放深度为270mm；
4）装配式护壁在前一环护壁放置完毕后，方可进行下节土方开挖施工。
（3）装配式护壁应符合下列规定：
1）每环护壁长度为270mm，每环挖土应按先中间、后周边的次序进行；
2）上、下节装配式护壁通过直角U形卡扣进行连接，上、下层装配式护壁之间采用9个直角U形卡扣进行连接，分别对应一环装配式护壁预留的9个孔洞，装配式护壁上、下层之间均采用直角U形卡扣进行连接，分别安装在上层装配式护壁下横梁和下层装配式护壁上横梁之间进行有效连接；
3）每环装配式护壁均应在当日连续施工完毕；
4）钢钎尺寸为长度500mm、宽度19mm；施工过程中每二层布置9个钢钎，9个钢钎的位置分别对应装配式护壁管片预留孔洞位置，9个钢钎相互的夹角为40°，钢钎插入土体的理论长度为400mm，钢钎露出100mm长度对装配式护壁进行悬空固定。
（4）装配式护壁设置深度要求：
1）进入较完整或完整的中风化岩层不小于0.5m；
2）基础扩底部分不设置装配式护壁；
3）装配式护壁按上述要求，以先到原则为准，具体设计深度详见T0504《护壁深度汇总表》。
（5）装配式护壁为预制构件其混凝土强度应大于基础混凝土强度。
（6）此护壁适用于1.0m直径的桩基础，装配式护壁的使用可根据桩基础直径及现场施工条件进行合理选取。
（7）此护壁适用于粉质黏土、砂质黏性土、砂土状强风化花岗岩、中风化花岗岩等。

装配式护壁钢筋剖面图

批准		校核		装配式护壁内径1.0m
审核				
		设计		
日期		比例		图号

图 11-7 装配式护壁内径 1.0m

（2）装配式护壁内径 1.1m 如图 11-8 所示。

编号	名称	规格	长度/mm	数量	单位	质量/kg 一件	质量/kg 小计	备注
1	装配式护壁	1.1 m	270	3片/每环	片	26	78	壁厚50mm，基坑开挖直径1.15m
2	拼装螺栓	M14	70	3个/每环	个	0.13	0.39	每环需3个螺栓
3	钢钎	500×19	500	9根/每环	根	2	18	每隔二层布置9根
4	直角U形卡扣	8×50×150	150	9个/每环	个	0.02	0.18	上、下两层间布置9个
5	竖向钢筋	Φ10	270	4根/每片	根	0.166	0.666	单片护壁用量
6	纵向钢筋	Φ10	1047	2根/每片	根	0.646	1.292	单片护壁用量
7	混凝土	C30以上	—	—	—	—	—	单片护壁混凝土用量0.00963m³

基坑护壁施工说明：
（1）护壁施工基本要求：
1）挖孔基础基坑开挖过程必须按要求设置钢筋混凝土护壁或装配式护壁；
2）装配式护壁混凝土高于基础混凝土强度，装配式护壁钢筋直径为10mm，牌号为HRB400；
3）图中所有尺寸单位均为mm，有特殊标注的除外；
4）装配式护壁为三片装配式护壁通过M14螺栓拼装成完整环体。
（2）基坑开挖要求：
1）基坑开挖时若发现实际地质条件不符，特别是出现涌水、流砂、淤泥、碎石等危及基坑施工作业安全的地质条件，应立即停止开挖并及时通知设计人员进行工代服务；
2）装配式护壁放在卡盘上，卡盘紧贴地面，卡盘起到保证坑口稳定的作用，并防止土、石、杂坠入孔口伤人；
3）装配式护壁每环下放深度为270mm；
4）装配式护壁在前一环护壁放置完毕后，方可进行下节土方开挖施工。
（3）装配式护壁应符合下列规定：
1）每环护壁长度为270mm，每环挖土应按先中间、后周边的次序进行；
2）上、下节装配式护壁通过直角U形卡扣进行连接，上、下层装配式护壁之间采用9个直角U形卡扣进行连接，分别对应一环装配式护壁预留的9个孔洞，装配式护壁上、下之间均采用直角U形卡扣进行连接，分别安装在上层装配式护壁下横梁和下层装配式护壁上横梁之间进行有效连接；
3）每环装配式护壁均应在当日连续施工完毕；
4）钢钎尺寸为长度500mm、宽度19mm；施工过程中每二层布置9个钢钎，9个钢钎的位置分别对应装配式护壁管片预留孔洞位置，9个钢钎相互的夹角为40°，钢钎插入土体的理论长度为400mm，钢钎露出100mm长度对装配式护壁进行悬空固定。
（4）装配式护壁设置深度要求：
1）进入较完整或完整的中风化岩层不小于0.5m；
2）基础扩底部分不设置装配式护壁；
3）装配式护壁按上述要求，以先到原则为准，具体设计深度详见T0504《护壁深度汇总表》。
（5）装配式护壁为预制构件其混凝土强度应大于基础混凝土强度。
（6）此护壁适用于1.1m直径的桩基础，装配式护壁的使用可根据桩基础直径及现场施工条件进行合理选取。
（7）此护壁适用于粉质黏土、砂质黏性土、砂土状强风化花岗岩、中风化花岗岩等。

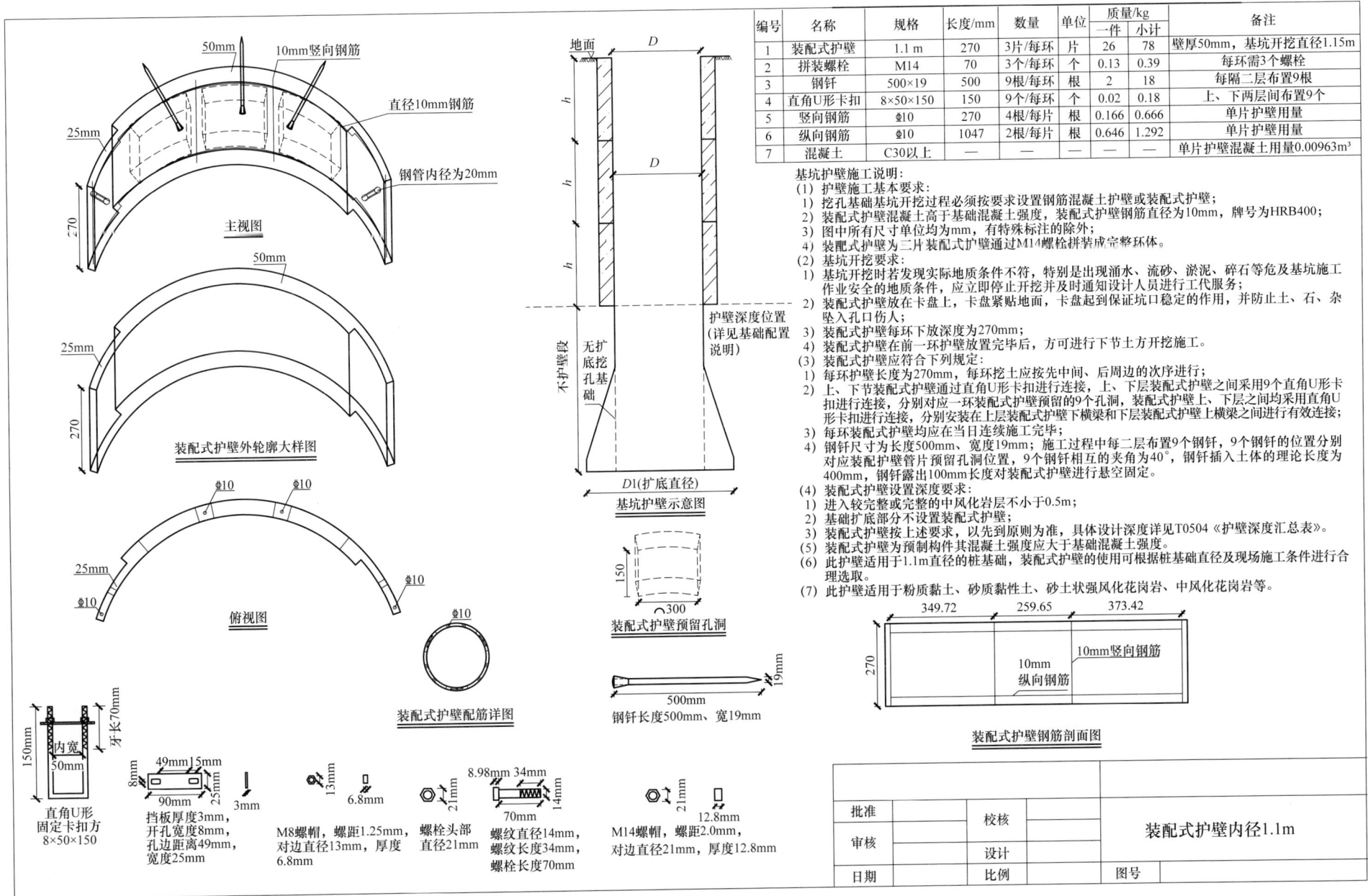

主视图

装配式护壁外轮廓大样图

俯视图

装配式护壁配筋详图

基坑护壁示意图

装配式护壁预留孔洞

钢钎长度500mm、宽19mm

装配式护壁钢筋剖面图

直角U形固定卡扣方 8×50×150
挡板厚度3mm，开孔宽度8mm，孔边距离49mm，宽度25mm
M8螺帽，螺距1.25mm，对边直径13mm，厚度6.8mm
螺栓头部直径21mm
螺纹直径14mm，螺纹长度34mm，螺栓长度70mm
M14螺帽，螺距2.0mm，对边直径21mm，厚度12.8mm

批准		校核		装配式护壁内径1.1m
审核		设计		
日期		比例		图号

图 11-8　装配式护壁内径 1.1m

（3）装配式护壁内径 1.2m 如图 11-9 所示。

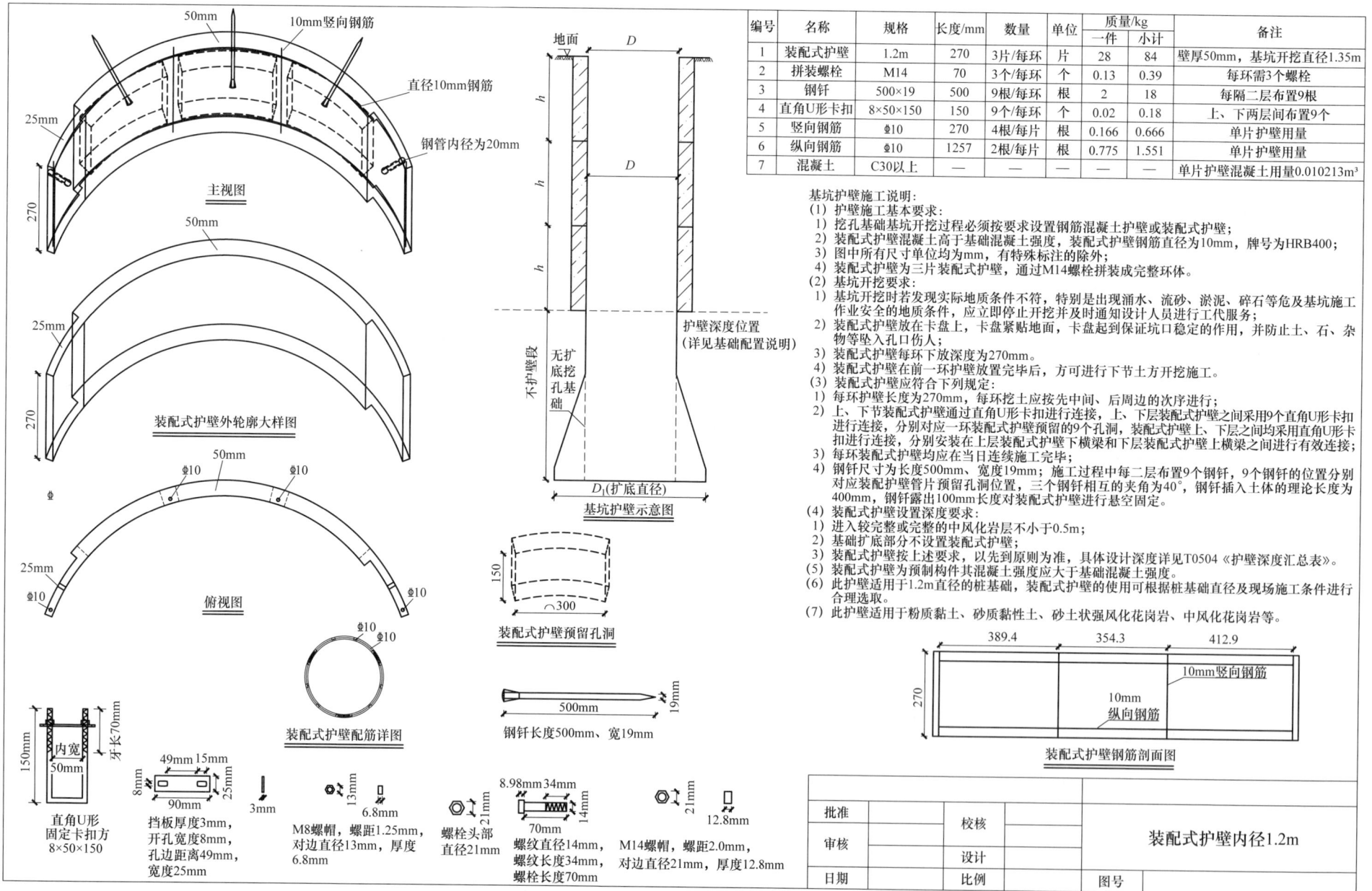

主视图

50mm
10mm竖向钢筋
直径10mm钢筋
钢管内径为20mm
25mm
270
50mm
装配式护壁外轮廓大样图
25mm
270
Φ10
Φ10
Φ10
Φ10
25mm
俯视图
Φ10
Φ10

内宽
50mm
牙长70mm
150mm
直角U形
固定卡扣方
8×50×150

8mm
49mm 15mm
90mm
25mm
挡板厚度3mm，
开孔宽度8mm，
孔边距离49mm，
宽度25mm

3mm

13mm
6.8mm
M8螺帽，螺距1.25mm，
对边直径13mm，厚度
6.8mm

21mm
螺栓头部
直径21mm

8.98mm 34mm
70mm
14mm
螺纹直径14mm，
螺距2.0mm，
螺纹长度34mm，
螺栓长度70mm

21mm
12.8mm
M14螺帽，螺距2.0mm，
对边直径21mm，厚度12.8mm

基坑护壁示意图

地面
D
h
D
h
h
h
无扩底挖孔基础
护壁深度位置
（详见基础配置说明）
不护壁段
D₁（扩底直径）

150
300
装配式护壁预留孔洞

500mm
19mm
钢钎长度500mm、宽19mm

装配式护壁配筋详图

编号	名称	规格	长度/mm	数量	单位	质量/kg		备注
						一件	小计	
1	装配式护壁	1.2m	270	3片/每环	片	28	84	壁厚50mm，基坑开挖直径1.35m
2	拼装螺栓	M14	70	3个/每环	个	0.13	0.39	每环需3个螺栓
3	钢钎	500×19	500	9根/每环	根	2	18	每隔二层布置9根
4	直角U形卡扣	8×50×150	150	9个/每环	个	0.02	0.18	上、下两层间布置9个
5	竖向钢筋	Φ10	270	4根/每片	根	0.166	0.666	单片护壁用量
6	纵向钢筋	Φ10	1257	2根/每片	根	0.775	1.551	单片护壁用量
7	混凝土	C30以上	—	—	—	—	—	单片护壁混凝土用量0.010213m³

基坑护壁施工说明：
（1）护壁施工基本要求：
1）挖孔基础基坑开挖过程必须按要求设置钢筋混凝土护壁或装配式护壁；
2）装配式护壁混凝土高于基础混凝土强度，装配式护壁钢筋直径为10mm，牌号为HRB400；
3）图中所有尺寸单位均为mm，有特殊标注的除外；
4）装配式护壁为三片装配式护壁，通过M14螺栓拼装成完整环体。
（2）基坑开挖要求：
1）基坑开挖时若发现实际地质条件不符，特别是出现涌水、流砂、淤泥、碎石等危及基坑施工作业安全的地质条件，应立即停止开挖并及时通知设计人员进行工代服务；
2）装配式护壁放在卡盘上，卡盘紧贴地面，卡盘起到保证坑口稳定的作用，并防止土、石、杂物等坠入坑口伤人；
3）装配式护壁每次下放深度为270mm；
4）装配式护壁在前一环护壁放置完毕后，方可进行下节土方开挖施工。
（3）装配式护壁应符合下列规定：
1）每环护壁长度为270mm，每环挖土应按先中间、后周边的次序进行；
2）上、下节装配式护壁通过直角U形卡扣进行连接，上、下装配式护壁之间采用9个直角U形卡扣进行连接，分别对应一环装配式护壁预留的9个孔洞，装配式护壁上、下层之间均采用直角U形卡扣进行连接，分别安装在上层装配式护壁下横梁和下层装配式护壁上横梁之间进行有效连接；
3）每环装配式护壁均应在当日连续施工完毕；
4）钢钎尺寸为长度500mm，宽度19mm；施工过程中每二层布置9个钢钎，9个钢钎的位置分别对应装配式护壁管片预留孔洞位置，三个钢钎相互的夹角为40°，钢钎插入土体的理论长度为400mm，钢钎露出100mm长度对装配式护壁进行悬空固定。
（4）装配式护壁设置深度要求：
1）进入较完整或完整的中风化岩层不小于0.5m；
2）基础扩底部分不设置装配式护壁；
3）装配式护壁按上述要求，以先到原则为准，具体设计深度详见T0504《护壁深度汇总表》。
（5）装配式护壁为预制构件其混凝土强度应大于基础混凝土强度。
（6）此护壁适用于1.2m直径的桩基础，装配式护壁的使用可根据桩基础直径及现场施工条件进行合理选取。
（7）此护壁适用于粉质黏土、砂质黏性土、砂土状强风化花岗岩、中风化花岗岩等。

389.4
354.3
412.9
270
10mm竖向钢筋
10mm纵向钢筋
装配式护壁钢筋剖面图

批准		校核		装配式护壁内径1.2m
审核		设计		
日期		比例		图号

图 11-9 装配式护壁内径 1.2m

（4）装配式护壁内径 1.3m 如图 11-10 所示。

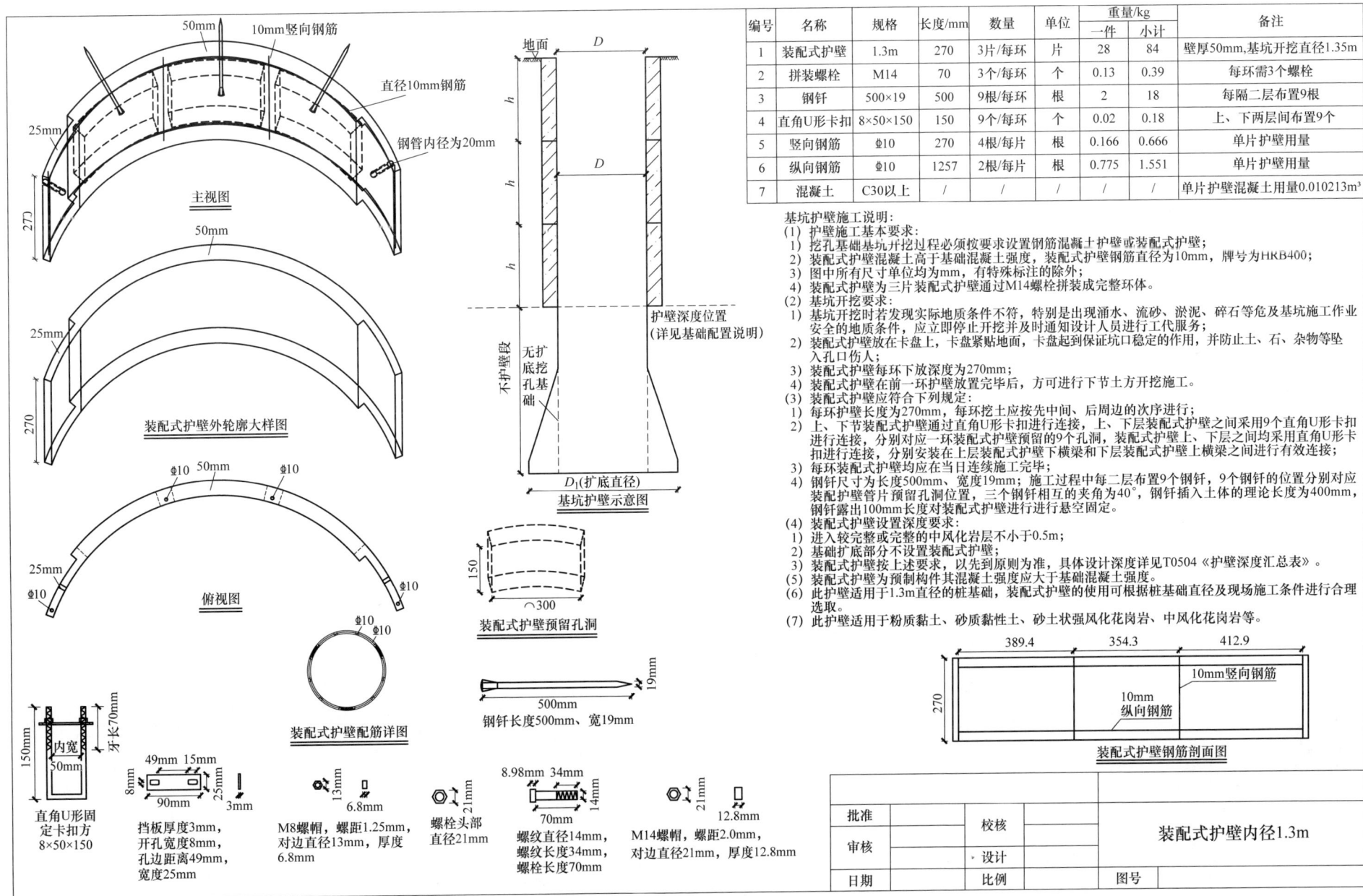

主视图

装配式护壁外轮廓大样图

俯视图

装配式护壁配筋详图

钢钎长度500mm、宽19mm

装配式护壁预留孔洞

基坑护壁示意图

无扩底挖孔基础

护壁深度位置（详见基础配置说明）

直角U形固定卡扣方 8×50×150

挡板厚度3mm，开孔宽度8mm，孔距距离49mm，宽度25mm

M8螺帽，螺距1.25mm，对边直径13mm，厚度6.8mm

螺栓头部直径21mm

螺纹直径14mm，螺距长度34mm，螺栓长度70mm

M14螺帽，螺距2.0mm，对边直径21mm，厚度12.8mm

编号	名称	规格	长度/mm	数量	单位	重量/kg		备注
						一件	小计	
1	装配式护壁	1.3m	270	3片/每环	片	28	84	壁厚50mm,基坑开挖直径1.35m
2	拼装螺栓	M14	70	3个/每环	个	0.13	0.39	每环需3个螺栓
3	钢钎	500×19	500	9根/每环	根	2	18	每隔二层布置9根
4	直角U形卡扣	8×50×150	150	9个/每环	个	0.02	0.18	上、下两层间布置9个
5	竖向钢筋	Φ10	270	4根/每片	根	0.166	0.666	单片护壁用量
6	纵向钢筋	Φ10	1257	2根/每片	根	0.775	1.551	单片护壁用量
7	混凝土	C30以上	/	/	/	/	/	单片护壁混凝土用量0.010213m³

基坑护壁施工说明：
（1）护壁施工基本要求：
1）挖孔基础基坑开挖过程必须按要求设置钢筋混凝土护壁或装配式护壁；
2）装配护壁混凝土高于基础混凝土强度，装配式护壁钢筋直径为10mm，牌号为HRB400；
3）图中所有尺寸单位均为mm，有特殊标注的除外；
4）装配式护壁为三片装配式护壁通过M14螺栓拼装成完整环体。
（2）基坑开挖要求：
1）基坑开挖时若发现实际地质条件不符，特别是出现涌水、流砂、淤泥、碎石等危及基坑施工作业安全的地质条件，应立即停止开挖并及时通知设计人员进行工代服务；
2）装配式护壁放在卡盘上，卡盘紧贴地面，卡盘起到保证坑口稳定的作用，并防止土、石、杂物等坠入孔口伤人；
3）装配式护壁每环下放深度为270mm；
4）装配式护壁在前一环护壁放置完毕后，方可进行下节土方开挖施工。
（3）装配式护壁应符合下列规定：
1）每环挖掘土应按先中间、后周边的次序进行；
2）上、下节装配式护壁通过直角U形卡扣进行连接，上、下层装配式护壁之间采用9个直角U形卡扣进行连接，分别对应一环装配式护壁预留的9个孔洞，装配式护壁上、下层之间采用直角卡扣进行连接，分别安装在上层装配式护壁下横梁和下层装配式护壁上横梁之间进行有效连接；
3）每环装配式护壁均应在当日连续施工完毕；
4）钢钎尺寸为长度500mm、宽度19mm；施工过程中每二层布置9个钢钎，9个钢钎的位置分别对应装配式护壁管壁预留孔洞位置，三个钢钎相互的夹角为40°，钢钎插入土体的理论长度为400mm，钢钎露出100mm长度对装配式护壁进行进行悬空固定。
（4）装配式护壁设置深度要求：
1）进入较完整或完整的中风化岩层不小于0.5m；
2）基础扩底部分不设置装配式护壁；
3）装配式护壁按上述要求，以先到原则为准，具体设计深度详见T0504《护壁深度汇总表》。
（5）装配式护壁为预制构件其混凝土强度应大于基础混凝土强度。
（6）此护壁适用于1.3m直径的桩基础，装配式护壁的使用可根据桩基础直径及现场施工条件进行合理选取。
（7）此护壁适用于粉质黏性土、砂质黏性土、砂土状强风化花岗岩、中风化花岗岩等。

装配式护壁钢筋剖面图

批准		校核		装配式护壁内径 1.3m
审核		设计		
日期		比例		图号

图 11-10 装配式护壁内径 1.3m

（5）装配式护壁内径 1.4m 如图 11-11 所示。

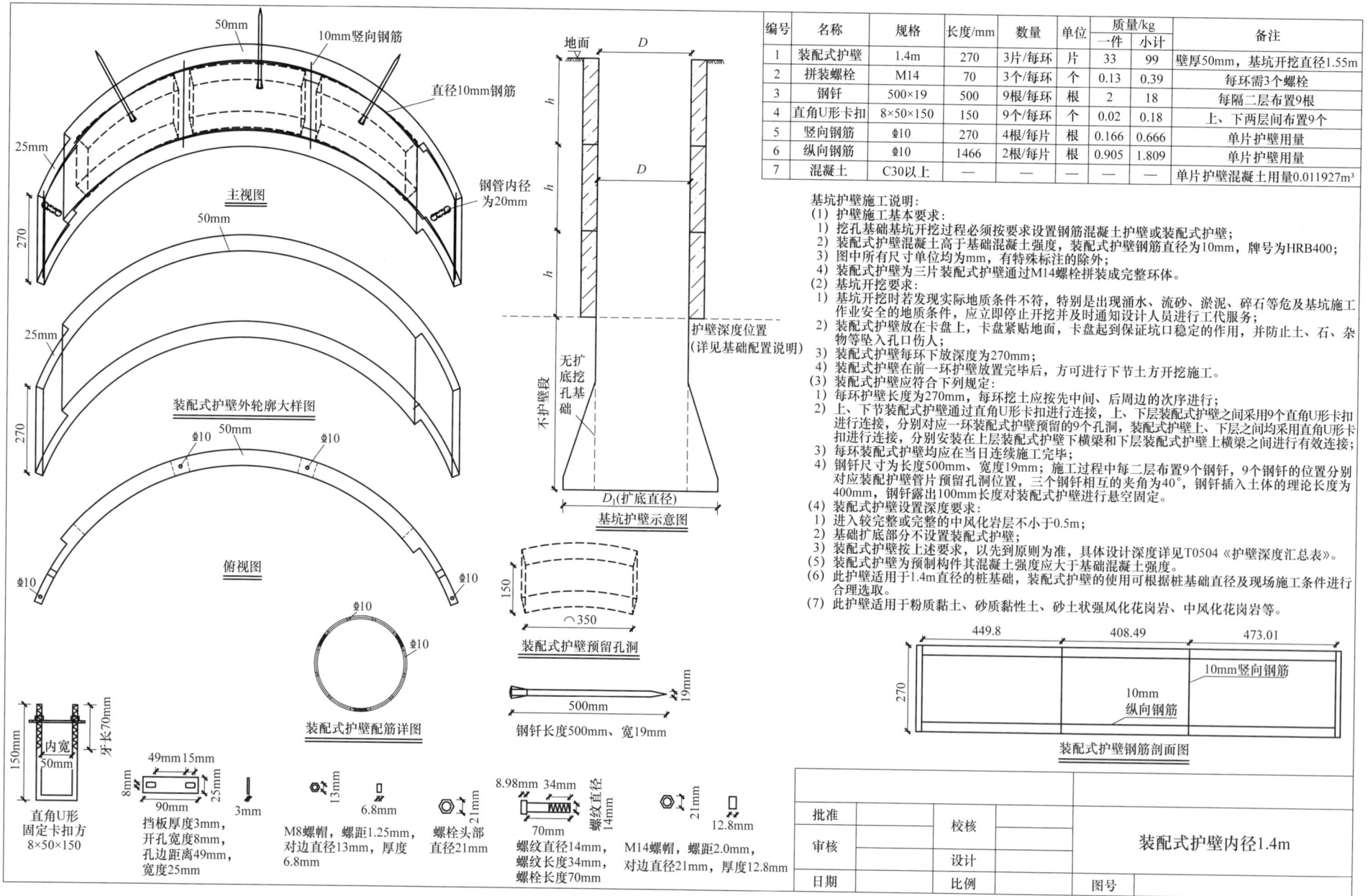

主视图

装配式护壁外轮廓大样图

俯视图

装配式护壁配筋详图

钢钎长度500mm、宽19mm

装配式护壁预留孔洞

基坑护壁示意图

直角U形
固定卡扣方
8×50×150

挡板厚度3mm，
开孔宽度8mm，
孔边距离49mm，
宽度25mm

M8螺帽，螺距1.25mm，
对边直径13mm，厚度
6.8mm

螺栓头部
直径21mm

螺纹直径14mm，
螺纹长度34mm，
螺栓长度70mm

M14螺帽，螺距2.0mm，
对边直径21mm，厚度12.8mm

编号	名称	规格	长度/mm	数量	单位	质量/kg 一件	质量/kg 小计	备注
1	装配式护壁	1.4m	270	3片/每环	片	33	99	壁厚50mm，基坑开挖直径1.55m
2	拼装螺栓	M14	70	3个/每环	个	0.13	0.39	每环需3个螺栓
3	钢钎	500×19	500	9根/每环	根	2	18	每隔二层布置9根
4	直角U形卡扣	8×50×150	150	9个/每环	个	0.02	0.18	上、下两层间布置9个
5	竖向钢筋	Φ10	270	4根/每片	根	0.166	0.666	单片护壁用量
6	纵向钢筋	Φ10	1466	2根/每片	根	0.905	1.809	单片护壁用量
7	混凝土	C30以上	—	—	—	—	—	单片护壁混凝土用量0.011927m³

基坑护壁施工说明：
（1）护壁施工基本要求：
  1）挖孔基础基坑开挖过程必须按要求设置钢筋混凝土护壁或装配式护壁；
  2）装配式护壁混凝土高于基础混凝土强度，装配式护壁钢筋直径为10mm，牌号为HRB400；
  3）图中所有尺寸单位均为mm，有特殊标注的除外；
  4）装配式护壁为三片装配式护壁通过M14螺栓拼装成完整环体。
（2）基坑开挖要求：
  1）基坑开挖时若发现实际地质条件不符，特别是出现涌水、流砂、淤泥、碎石等危及基坑施工作业安全的地质条件，应立即停止开挖并及时通知设计人员进行工代服务；
  2）装配式护壁放在卡盘上，卡盘紧贴地面，卡盘起到保证坑口稳定的作用，并防止土、石、杂物等坠入孔中伤人；
  3）装配式护壁每环下放深度为270mm；
  4）装配式护壁在前一环护壁放置完毕后，方可进行下节土方开挖施工。
（3）装配式护壁应符合下列规定：
  1）每环护壁长度为270mm，每环挖土应按先中间、后周边的次序进行；
  2）上、下节装配式护壁通过直角U形卡扣进行连接，上、下装配式护壁之间采用9个直角U形卡扣进行连接，分别对应一环装配式护壁预留的9个孔洞，装配式护壁上、下层之间均采用直角U形卡扣进行连接，分别安装在上层装配式护壁上横梁和下层装配式护壁上横梁之间进行有效连接；
  3）每环装配式护壁均应在当日连续施工完毕；
  4）钢钎尺寸为长度500mm、宽度19mm；施工过程中每隔二层布置9个钢钎，9个钢钎的位置分别对应装配式护壁管片预留孔洞位置，三个钢钎相互的夹角为40°，钢钎插入土体的理论长度为400mm，钢钎露出100mm长度对装配式护壁进行悬空固定。
（4）装配式护壁设置深度要求：
  1）进入较完整或完整的中风化岩层不小于0.5m；
  2）基础扩底部分不设置装配式护壁；
  3）装配式护壁按上述要求，以先到原则为准，具体设计深度详见T0504《护壁深度汇总表》。
（5）装配式护壁为预制构件其混凝土强度应大于基础混凝土强度。
（6）此护壁适用于1.4m直径的桩基础，装配式护壁的使用可根据桩基础直径及现场施工条件进行合理选取。
（7）此护壁适用于粉质黏土、砂质黏性土、砂土状强风化花岗岩、中风化花岗岩等。

装配式护壁钢筋剖面图

批准		校核		装配式护壁内径1.4m
审核		设计		
日期		比例		图号

图 11-11　装配式护壁内径 1.4m

（6）装配式护壁内径 1.5m 如图 11－12 所示。

编号	名 称	规 格	长 度	数 量	单位	重量/kg 一件	重量/kg 小计	备 注
1	装配式护壁	1.5m	270mm	3片/每环	片	33kg	99kg	壁厚50mm，基坑开挖直径1.55m
2	拼装螺栓	M14	70mm	3个/每环	个	0.13kg	0.39kg	每环需3个螺栓
3	钢钎	500×19	500mm	9根/每环	根	2kg	18kg	每隔二层布置9根
4	直角U形卡扣	8×50×150	150mm	9个/每环	个	0.02kg	0.18kg	上、下两层间布置9个
5	竖向钢筋	Φ10	270mm	4根/每片	根	0.166kg	0.666kg	单片护壁用量
6	纵向钢筋	Φ10	1466mm	2根/每片	根	0.905kg	1.809kg	单片护壁用量
7	混凝土	C30以上	—	—	—	—	—	单片护壁混凝土用量0.011927m³

基坑护壁施工说明：
（1）护壁施工基本要求：
1）挖孔基础基坑开挖过程中必须按要求设置钢筋混凝土护壁或装配式护壁；
2）装配式护壁混凝土高于基础混凝土强度，装配式护壁钢筋直径为10mm，牌号为HRB400；
3）图中所有尺寸单位均为mm，有特殊标注的除外；
4）装配式护壁为三片装配式护壁通过M14螺栓拼装成完整环体。
（2）基坑开挖要求：
1）基坑开挖时若发现实际地质条件不符，特别是出现涌水、流砂、淤泥、碎石等危及基坑施工作业人员安全的地质条件，应立即停止开挖并及时通知设计人员进行工代服务；
2）装配式护壁放在卡盘上，卡盘紧贴地面，卡盘起到保证坑口稳定的作用，并防止土、石、杂物等坠入孔口伤人；
3）装配式护壁每环下放深度为270mm；
4）装配式护壁在前一环护壁放置完毕后，方可进行下节土方开挖施工。
（3）装配式护壁应符合下列规定：
1）每环护壁长度为270mm，每环挖土应先中间、后周边的次序进行；
2）每节装配式护壁通过直角U形卡扣进行连接，上、下层装配式护壁之间采用9个直角U形卡扣进行连接，分别对应一环装配式护壁预留的9个孔洞，装配式护壁上、下之间均采用直角U形卡扣进行连接，分别安装在上层装配式护壁下横梁和下层装配式护壁上横梁之间进行有效连接；
3）每环装配式护壁均应在当日连续施工完毕；
4）钢钎尺寸为长度500mm、宽度19mm；施工过程中每二层布置9个钢钎，9个钢钎的位置分别对应装配式护壁管片预留孔洞位置，三个钢钎相互的夹角为40°，钢钎插入土体的理论长度为400mm，钢钎露出100mm长度对装配式护壁进行悬空固定。
（4）装配式护壁设置深度要求：
1）进入较完整或完整的中风化岩层不小于0.5m；
2）基础扩底部分不设置装配式护壁；
3）装配式护壁按上述要求，以先到原则为准，具体设计深度详见T0504《护壁深度汇总表》。
（5）装配式护壁为预制构件其混凝土强度应大于基础混凝土强度。
（6）此护壁适用于1.5m直径的桩基础，装配式护壁的使用可根据桩基础直径及现场施工条件进行合理选取。
（7）此护壁适用于粉质黏土、砂质黏性土、砂土状强风化花岗岩、中风化花岗岩等。

主视图

装配式护壁外轮廓大样图

俯视图

装配式护壁配筋详图

直角U形固定卡扣方 8×50×150

挡板厚度3mm，开孔宽度8mm，孔边距离49mm，宽度25mm

M8螺栓，螺距1.25mm，对边直径13mm，厚度6.8mm

螺栓头部直径21mm

M14螺帽，螺距2.0mm，螺纹长度34mm，螺栓长度70mm

基坑护壁示意图

装配式护壁预留孔洞

钢钎长度500mm、宽19mm

装配式护壁钢筋剖面图

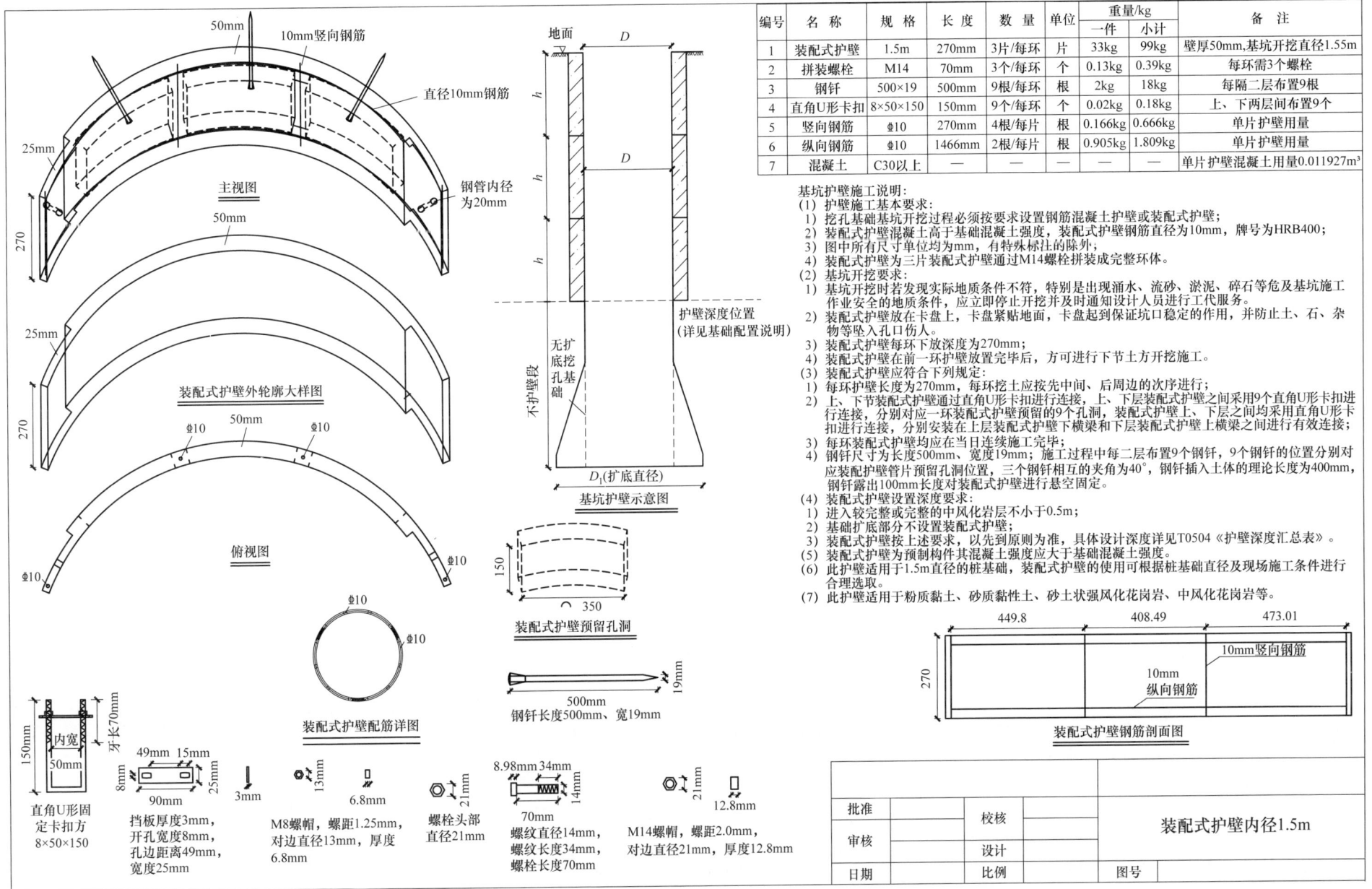

批准		校核		装配式护壁内径 1.5m
审核		设计		
日期		比例		图号

图 11－12 装配式护壁内径 1.5m

（7）装配式护壁内径 1.6m 如图 11-13 所示。

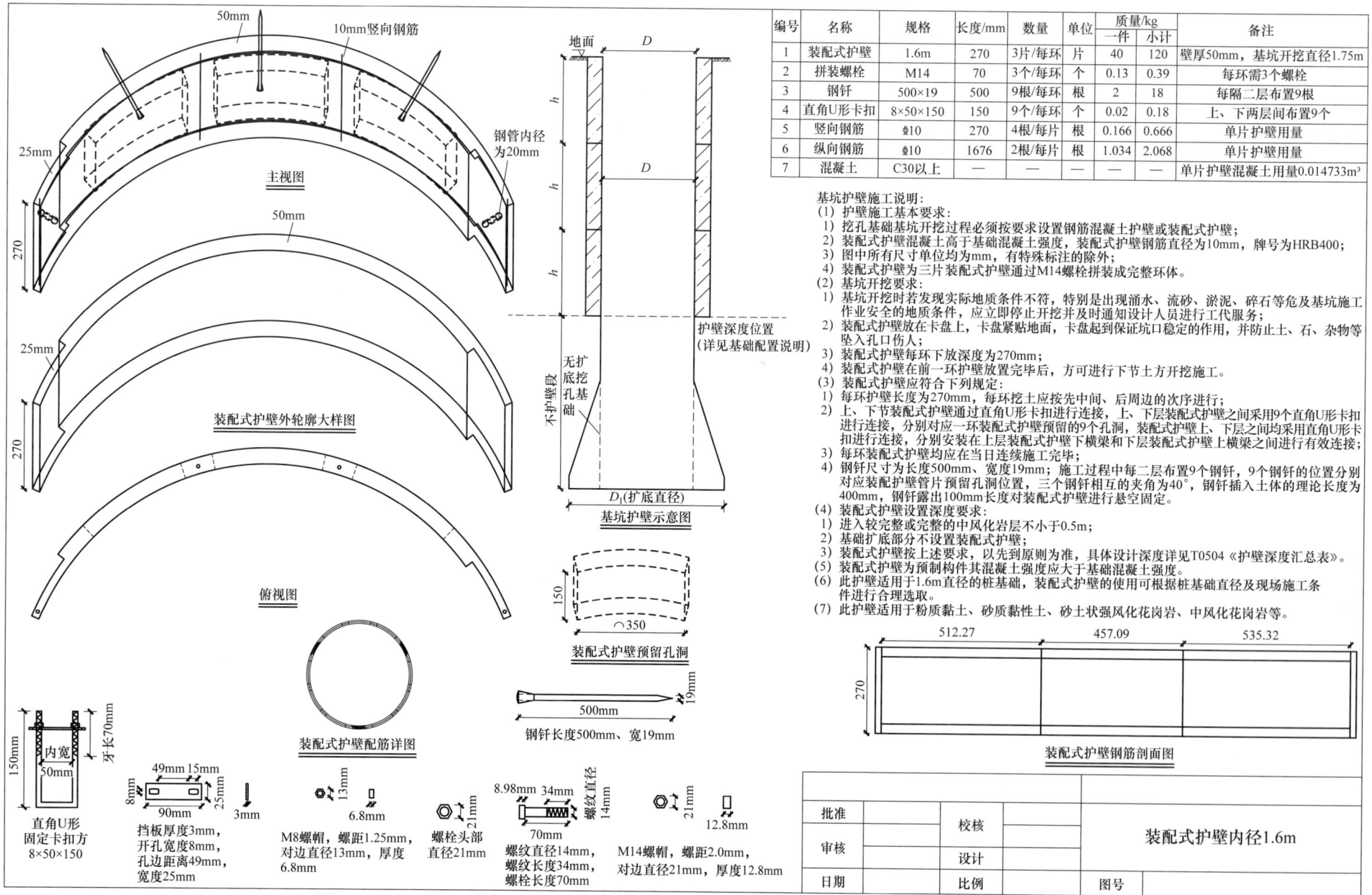

编号	名称	规格	长度/mm	数量	单位	质量/kg 一件	质量/kg 小计	备注
1	装配式护壁	1.6m	270	3片/每环	片	40	120	壁厚50mm，基坑开挖直径1.75m
2	拼装螺栓	M14	70	3个/每环	个	0.13	0.39	每环需3个螺栓
3	钢钎	500×19	500	9根/每环	根	2	18	每隔二层布置9根
4	直角U形卡扣	8×50×150	150	9个/每环	个	0.02	0.18	上、下两层间布置9个
5	竖向钢筋	Φ10	270	4根/每片	根	0.166	0.666	单片护壁用量
6	纵向钢筋	Φ10	1676	2根/每片	根	1.034	2.068	单片护壁用量
7	混凝土	C30以上	—	—	—	—	—	单片护壁混凝土用量0.014733m³

基坑护壁施工说明：
(1) 护壁施工基本要求：
1) 挖孔基础基坑开挖过程必须按要求设置钢筋混凝土护壁或装配式护壁；
2) 装配式护壁混凝土高于基础混凝土强度，装配式护壁钢筋直径为10mm，牌号为HRB400；
3) 图中所有尺寸单位均为mm，有特殊标注的除外；
4) 装配式护壁为三片装配式护壁通过M14螺栓拼装成完整环体。
(2) 基坑开挖要求：
1) 基坑开挖时若发现实际地质条件不符，特别是出现涌水、流砂、淤泥、碎石等危及基坑施工作业安全的地质条件，应立即停止开挖并及时通知设计人员进行工代服务；
2) 装配式护壁放在卡盘上，卡盘紧贴地面，卡盘起到保证坑口稳定的作用，并防止土、石、杂物等坠入孔口伤人；
3) 装配式护壁每环下放深度为270mm；
4) 装配式护壁在前一环护壁放置完毕后，方可进行下节土方开挖施工。
(3) 装配式护壁应符合下列规定：
1) 每环护壁长度为270mm，每环挖土应按先中间、后周边的次序进行；
2) 上、下节装配式护壁通过直角U形卡扣进行连接，上、下层装配式护壁之间采用9个直角U形卡扣进行连接，分别对应一环装配式护壁预留的9个孔洞，装配式护壁上、下层之间均采用直角U形卡扣进行连接，分别安装在上层装配式护壁下横梁和下层装配式护壁上横梁之间进行有效连接；
3) 每环装配式护壁均应在当日连续施工完毕；
4) 钢钎尺寸为长度500mm、宽度19mm；施工过程中每二层布置9个钢钎，9个钢钎的位置分别对应装配式护壁管片预留孔洞位置，三个钢钎相互的夹角为40°，钢钎插入土体的理论长度为400mm，钢钎露出100mm长度对装配式护壁进行悬空固定。
(4) 装配式护壁设置深度要求：
1) 进入较完整或完整的中风化岩层不小于0.5m；
2) 基础扩底部分不设置装配式护壁；
3) 装配式护壁按上述要求，以先到原则为准，具体设计深度详见T0504《护壁深度汇总表》。
(5) 装配式护壁为预制构件其混凝土强度应大于基础混凝土强度。
(6) 此护壁适用于1.6m直径的桩基础，装配式护壁的使用可根据桩基础直径及现场施工条件进行合理选取。
(7) 此护壁适用于粉质黏土、砂质黏性土、砂状状强风化花岗岩、中风化花岗岩等。

主视图

装配式护壁外轮廓大样图

俯视图

装配式护壁配筋详图

基坑护壁示意图

装配式护壁预留孔洞

钢钎长度500mm、宽19mm

装配式护壁钢筋剖面图

直角U形固定卡扣方 8×50×150

挡板厚度3mm，开孔宽度3mm，孔边距离49mm，宽度25mm

M8螺帽，螺距1.25mm，对边直径13mm，厚度6.8mm

螺栓头部直径21mm

螺纹直径14mm，螺纹长度34mm，螺栓长度70mm

M14螺帽，螺距2.0mm，对边直径21mm，厚度12.8mm

批准		校核		装配式护壁内径 1.6m
审核		设计		
日期		比例		图号

图 11-13 装配式护壁内径 1.6m

（8）装配式护壁内径 1.7m 如图 11-14 所示。

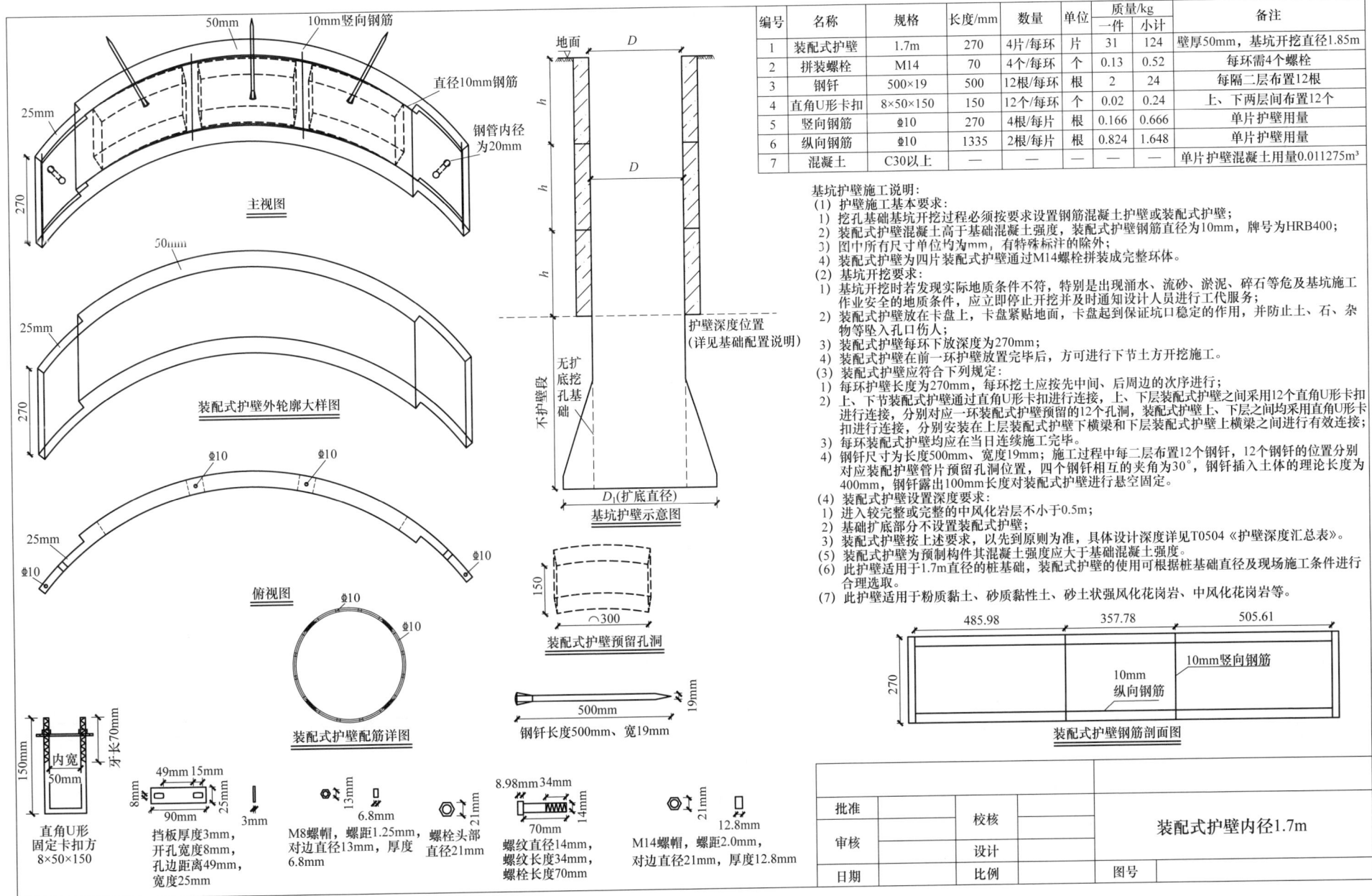

编号	名称	规格	长度/mm	数量	单位	质量/kg 一件	质量/kg 小计	备注
1	装配式护壁	1.7m	270	4片/每环	片	31	124	壁厚50mm，基坑开挖直径1.85m
2	拼装螺栓	M14	70	4个/每环	个	0.13	0.52	每环需4个螺栓
3	钢钎	500×19	500	12根/每环	根	2	24	每隔二层布置12根
4	直角U形卡扣	8×50×150	150	12个/每环	个	0.02	0.24	上、下两层间布置12个
5	竖向钢筋	⏀10	270	4根/每片	根	0.166	0.666	单片护壁用量
6	纵向钢筋	⏀10	1335	2根/每片	根	0.824	1.648	单片护壁用量
7	混凝土	C30以上	—	—	—	—	—	单片护壁混凝土用量0.011275m³

主视图

50mm　10mm竖向钢筋

直径10mm钢筋

钢管内径为20mm

25mm　270　50mm

25mm　270

装配式护壁外轮廓大样图

⏀10　⏀10

25mm　270

⏀10　⏀10

俯视图

⏀10　⏀10

装配式护壁配筋图

150　⌒300

装配式护壁预留孔洞

500mm　19mm

钢钎长度500mm、宽度19mm

地面　D

h　D

h

h

护壁深度位置
（详见基础配置说明）

无扩底挖孔基础

不护壁段

D₁(扩底直径)

基坑护壁示意图

150mm　牙长70mm
内宽50mm

直角U形
固定卡扣方
8×50×150

8mm　49mm 15mm 25mm　3mm
90mm

挡板厚度3mm，
开孔厚度8mm，
孔边距离49mm，
宽度25mm

13mm　6.8mm

M8螺帽，螺距1.25mm，
对边直径13mm，厚度
6.8mm

21mm

螺栓头部
直径21mm

8.98mm 34mm　14mm
70mm

螺纹直径14mm，
螺纹长度34mm，
螺栓长度70mm

21mm　12.8mm

M14螺帽，螺距2.0mm，
对边直径21mm，厚度12.8mm

基坑护壁施工说明：
（1）护壁施工基本要求：
1）挖孔基础基坑开挖过程必须按要求设置钢筋混凝土护壁或装配式护壁；
2）装配式护壁混凝土高于基础混凝土强度，装配式护壁钢筋直径为10mm，牌号为HRB400；
3）图中所有尺寸单位均为mm，有特殊标注的除外；
4）装配式护壁为四片装配式护壁通过M14螺栓拼装成完整环体。
（2）基坑开挖要求：
1）基坑开挖时若发现实际地质条件不符，特别是出现涌水、流砂、淤泥、碎石等危及基坑施工作业人员安全的地质条件，应立即停止开挖并及时通知设计人员进行工代服务；
2）装配式护壁放在卡盘上，卡盘紧贴地面，卡盘起到保证坑口稳定的作用，并防止土、石、杂物等坠入孔口伤人；
3）装配式护壁每环下放深度为270mm；
4）装配式护壁在前一环护壁放置完毕后，方可进行下节土方开挖施工。
（3）装配式护壁应符合下列规定：
1）每环护壁长度为270mm，每环挖土应按先中间、后周边的次序进行；
2）上、下节装配式护壁通过直角U形卡扣进行连接，上、下层装配式护壁之间采用12个直角U形卡扣进行连接，分别对应一环装配式护壁预留的12个孔洞，装配式护壁上、下层之间均采用直角U形卡扣进行连接，分别安装在上层装配式护壁下横梁和下层装配式护壁上横梁之间进行有效连接；
3）每环装配式护壁均应在当日连续施工完毕。
4）钢钎尺寸为长度500mm、宽度19mm；施工过程中每二层布置12个钢钎，12个钢钎的位置分别对应装配护壁管片预留孔洞位置，四个钢钎相互的夹角为30°，钢钎插入土体的理论长度为400mm，钢钎露出100mm长度对装配式护壁进行悬空固定。
（4）装配式护壁设置深度要求：
1）进入较完整或完整的中风化岩层不小于0.5m；
2）基础扩底部分不设置装配式护壁；
3）装配式护壁按上述要求，以先到原则为准，具体设计深度详见T0504《护壁深度汇总表》。
（5）装配式护壁为预制构件其混凝土强度应大于基础混凝土强度。
（6）此护壁适用于1.7m直径的桩基础，装配式护壁的使用可根据桩基础直径及现场施工条件进行合理选取。
（7）此护壁适用于粉质黏土、砂质黏性土、砂土状强风化花岗岩、中风化花岗岩等。

485.98　357.78　505.61

270

10mm竖向钢筋
10mm纵向钢筋

装配式护壁钢筋剖面图

批准		校核		装配式护壁内径1.7m
审核		设计		
日期		比例		图号

图 11-14　装配式护壁内径 1.7m

（9）装配式护壁内径 1.8m 如图 11－15 所示。

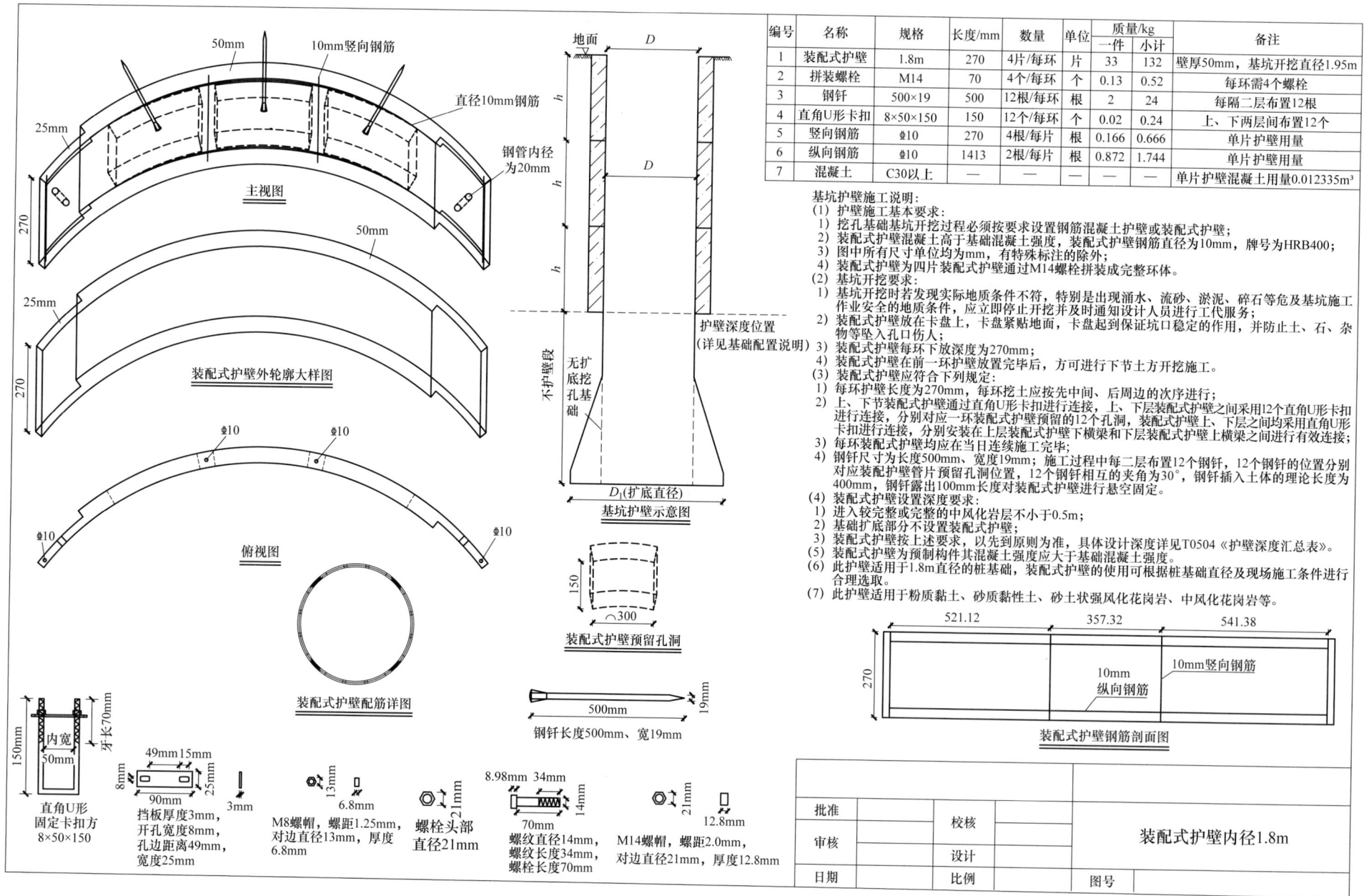

编号	名称	规格	长度/mm	数量	单位	质量/kg 一件	质量/kg 小计	备注
1	装配式护壁	1.8m	270	4片/每环	片	33	132	壁厚50mm，基坑开挖直径1.95m
2	拼装螺栓	M14	70	4个/每环	个	0.13	0.52	每环需4个螺栓
3	钢钎	500×19	500	12根/每环	根	2	24	每隔二层布置12根
4	直角U形卡扣	8×50×150	150	12个/每环	个	0.02	0.24	上、下两层间布置12个
5	竖向钢筋	Φ10	270	4根/每片	根	0.166	0.666	单片护壁用量
6	纵向钢筋	Φ10	1413	2根/每片	根	0.872	1.744	单片护壁用量
7	混凝土	C30以上	—	—	—	—	—	单片护壁混凝土用量0.012335m³

基坑护壁施工说明：
（1）护壁施工基本要求：
　1）挖孔基础基坑开挖过程必须按要求设置钢筋混凝土护壁或装配式护壁；
　2）装配式护壁混凝土高于基础混凝土强度，装配式护壁钢筋直径为10mm，牌号为HRB400；
　3）图中所有尺寸单位均为mm，有特殊标注的除外；
　4）装配式护壁由四片装配式护壁通过M14螺栓拼装成完整环体。
（2）基坑开挖要求：
　1）基坑开挖时若发现实际地质条件不符，特别是出现涌水、流砂、淤泥、碎石等危及基坑施工作业人员安全的地质条件，应立即停止开挖并及时通知设计人员进行工代服务；
　2）装配式护壁放在卡盘上，卡盘紧贴地面，卡盘起到保证坑口稳定的作用，并防止土、石、杂物等坠入孔口伤人；
　3）装配式护壁每环下放深度为270mm；
　4）装配式护壁在前一环护壁放置完毕后，方可进行下节土方开挖施工。
（3）装配式护壁应符合下列规定：
　1）每环护壁长度为270mm，每层挖土应按先中间、后周边的次序进行；
　2）上、下节装配式护壁通过直角U形卡扣进行连接，上、下层装配式护壁之间采用12个直角U形扣进行连接，分别对应一环装配式护壁预留的12个孔洞，装配式护壁上、下之间均采用直角U形卡扣进行连接，分别安装在上层装配式护壁下横梁和下层装配式护壁上横梁之间进行有效连接；
　3）每环装配式护壁均应在当日连续施工完毕；
　4）钢钎尺寸为长度500mm、宽度19mm；施工过程中每二层布置12个钢钎，12个钢钎的位置分别对应装配式护壁管片预留孔洞位置，12个钢钎相互的夹角为30°，钢钎插入土体的理论长度为400mm，钢钎露出100mm长度对装配式护壁进行悬空固定。
（4）装配式护壁设置深度要求：
　1）进入较完整或完整的中风化岩层不小于0.5m；
　2）基础扩底部分不设置装配式护壁；
　3）装配式护壁按上述要求，以先到原则为准，具体设计深度详见T0504《护壁深度汇总表》。
（5）装配式护壁为预制构件其混凝土强度应大于基础混凝土强度。
（6）此护壁适用于1.8m直径的桩基础，装配式护壁的使用可根据桩基础直径及现场施工条件进行合理选取。
（7）此护壁适用于粉质黏土、砂质黏性土、砂土状强风化花岗岩、中风化花岗岩等。

50mm
10mm竖向钢筋
直径10mm钢筋
25mm
钢管内径为20mm
主视图
270
50mm
25mm
270
装配式护壁外轮廓大样图
Φ10
Φ10
Φ10
俯视图
Φ10
装配式护壁配筋详图

直角U形
固定卡扣方
8×50×150
内宽
50mm
150mm
牙长70mm
挡板厚度3mm，开孔宽度8mm，孔边距离49mm，宽度25mm
49mm 15mm
90mm
8mm
25mm
3mm
M8螺帽，螺距1.25mm，对边直径13mm，厚度6.8mm
13mm
6.8mm
螺栓头部直径21mm
21mm
8.98mm 34mm
螺纹直径14mm，螺纹长度34mm，螺栓长度70mm
70mm
14mm
M14螺帽，螺距2.0mm，对边直径21mm，厚度12.8mm
21mm
12.8mm
钢钎长度500mm、宽19mm
500mm
19mm

地面
D
D
h
h
h
h
无扩底挖孔基础
不护壁段
护壁深度位置（详见基础配置说明）
D₁(扩底直径)
基坑护壁示意图

150
~300
装配式护壁预留孔洞

521.12
357.32
541.38
270
10mm竖向钢筋
10mm纵向钢筋
装配式护壁钢筋剖面图

批准		校核		装配式护壁内径1.8m
审核				
日期		设计		
		比例		图号

图 11－15　装配式护壁内径 1.8m

·32·输电线路挖孔基础装配式混凝土护壁标准化图集

（10）装配式护壁内径 1.9m 如图 11-16 所示。

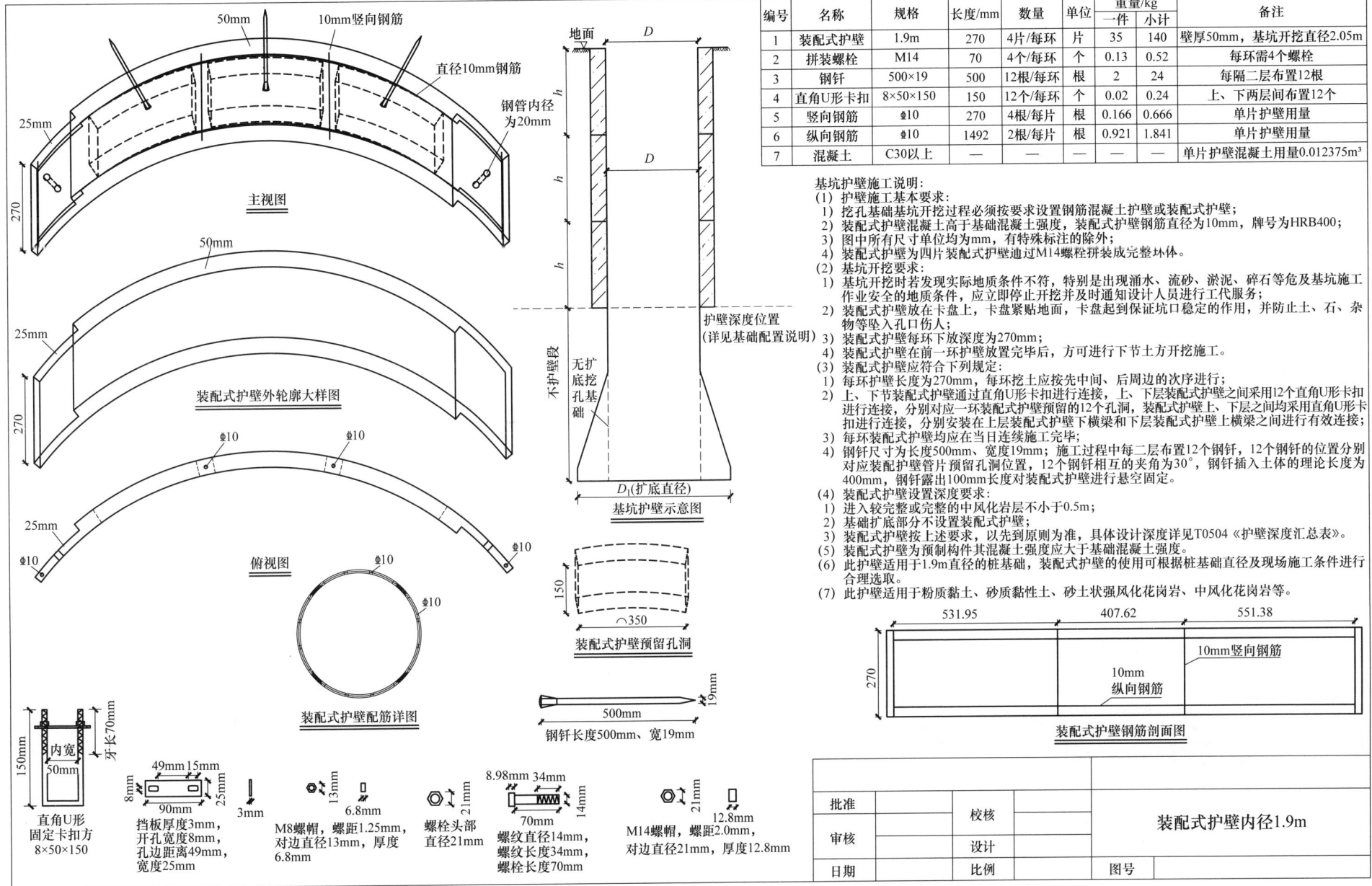

编号	名称	规格	长度/mm	数量	单位	重量/kg 一件	重量/kg 小计	备注
1	装配式护壁	1.9m	270	4片/每环	片	35	140	壁厚50mm，基坑开挖直径2.05m
2	拼装螺栓	M14	70	4个/每环	个	0.13	0.52	每环需4个螺栓
3	钢钎	500×19	500	12根/每环	根	2	24	每隔二层布置12根
4	直角U形卡扣	8×50×150	150	12个/每环	个	0.02	0.24	上、下两层间布置12个
5	竖向钢筋	⏀10	270	4根/每片	根	0.166	0.666	单片护壁用量
6	纵向钢筋	⏀10	1492	2根/每片	根	0.921	1.841	单片护壁用量
7	混凝土	C30以上	—	—	—	—	—	单片护壁混凝土用量0.012375m³

基坑护壁施工说明：
（1）护壁施工基本要求：
1）挖孔基础基坑开挖过程必须按要求设置钢筋混凝土护壁或装配式护壁；
2）装配式护壁混凝土高于基础混凝土强度，装配式护壁钢筋直径为10mm，牌号为HRB400；
3）图中所有尺寸单位均为mm，有特殊标注的除外；
4）装配式护壁为四片装配式护壁通过M14螺栓拼装成完整坯体。
（2）基坑开挖要求：
1）基坑开挖时若发现实际地质条件不符，特别是出现涌水、流砂、淤泥、碎石等危及基坑施工作业安全的地质条件，应立即停止开挖并及时通知设计人员进行工代服务；
2）装配式护壁放在卡盘上，卡盘紧贴地面，卡盘起到保证坑口稳定的作用，并防止土、石、杂物等坠入孔口伤人；
3）装配式护壁每环下放深度为270mm；
4）装配式护壁在前一环壁放置完毕后，方可进行下节土方开挖施工。
（3）装配式护壁应符合下列规定：
1）每环护壁长度为270mm，每环挖土应按先中间、后周边的次序进行；
2）上、下节装配式护壁通过直角U形卡扣进行连接，上、下层装配式护壁之间采用12个直角U形卡扣进行连接，分别对应一环装配式护壁预留的12个孔洞，装配式护壁上、下之间均采用直角U形卡扣进行连接，分别安装在上层装配式护壁下横梁和下层装配式护壁上横梁之间进行有效连接；
3）每环装配式护壁均应在当日连续施工完毕；
4）钢钎尺寸为长度500mm，宽度19mm；施工过程中每二层布置12个钢钎，12个钢钎的位置分别对应装配式护壁管片预留孔洞位置，12个钢钎相互的夹角为30°，钢钎插入土体的理论长度为400mm，钢钎露出100mm长度对装配式护壁进行悬空固定。
（4）装配式护壁设置深度要求：
1）进入较完整或完整的中风化岩层不小于0.5m；
2）基础扩底部分不设置装配式护壁；
3）装配式护壁按上述要求，以先到原则为准，具体设计深度详见T0504《护壁深度汇总表》。
（5）装配式护壁为预制构件其混凝土强度应大于基础混凝土强度。
（6）装配式护壁适用于1.9m直径的桩基础，装配式护壁的使用可根据桩基础直径及现场施工条件进行合理选取。
（7）此护壁适用于粉质黏土、砂质黏性土、砂土状强风化花岗岩、中风化花岗岩等。

50mm
10mm竖向钢筋
直径10mm钢筋
钢管内径为20mm
25mm
270
主视图

25mm
50mm
270
装配式护壁外轮廓大样图

25mm
270
⏀10   ⏀10
⏀10
俯视图
⏀10   ⏀10
装配式护壁配筋详图

150
⌒350
装配式护壁预留孔洞

19mm
500mm
钢钎长度500mm、宽19mm

地面
D
h
D
h
h
h
护壁深度位置
（详见基础配置说明）
无扩底挖孔基础
不护壁段
D₁(扩底直径)
基坑护壁示意图

内宽
牙长70mm
150mm
50mm
直角U形固定卡扣方8×50×150

挡板厚度3mm，开孔宽度8mm，孔边距离49mm，宽度25mm
49mm 15mm
8mm
90mm
25mm

3mm

M8螺帽，螺距1.25mm，对边直径13mm，厚度6.8mm
13mm
6.8mm

螺栓头部直径21mm
21mm

8.98mm 34mm
70mm
14mm
螺纹直径14mm，螺纹长度34mm，螺栓长度70mm

M14螺帽，螺距2.0mm，对边直径21mm，厚度12.8mm
21mm
12.8mm

531.95   407.62   551.38
270
10mm竖向钢筋
10mm纵向钢筋
装配式护壁钢筋剖面图

批准		校核		装配式护壁内径1.9m
审核		设计		
日期		比例		图号

图 11-16　装配式护壁内径 1.9m

（11）装配式护壁内径 **2.0m** 如图 11−17 所示。

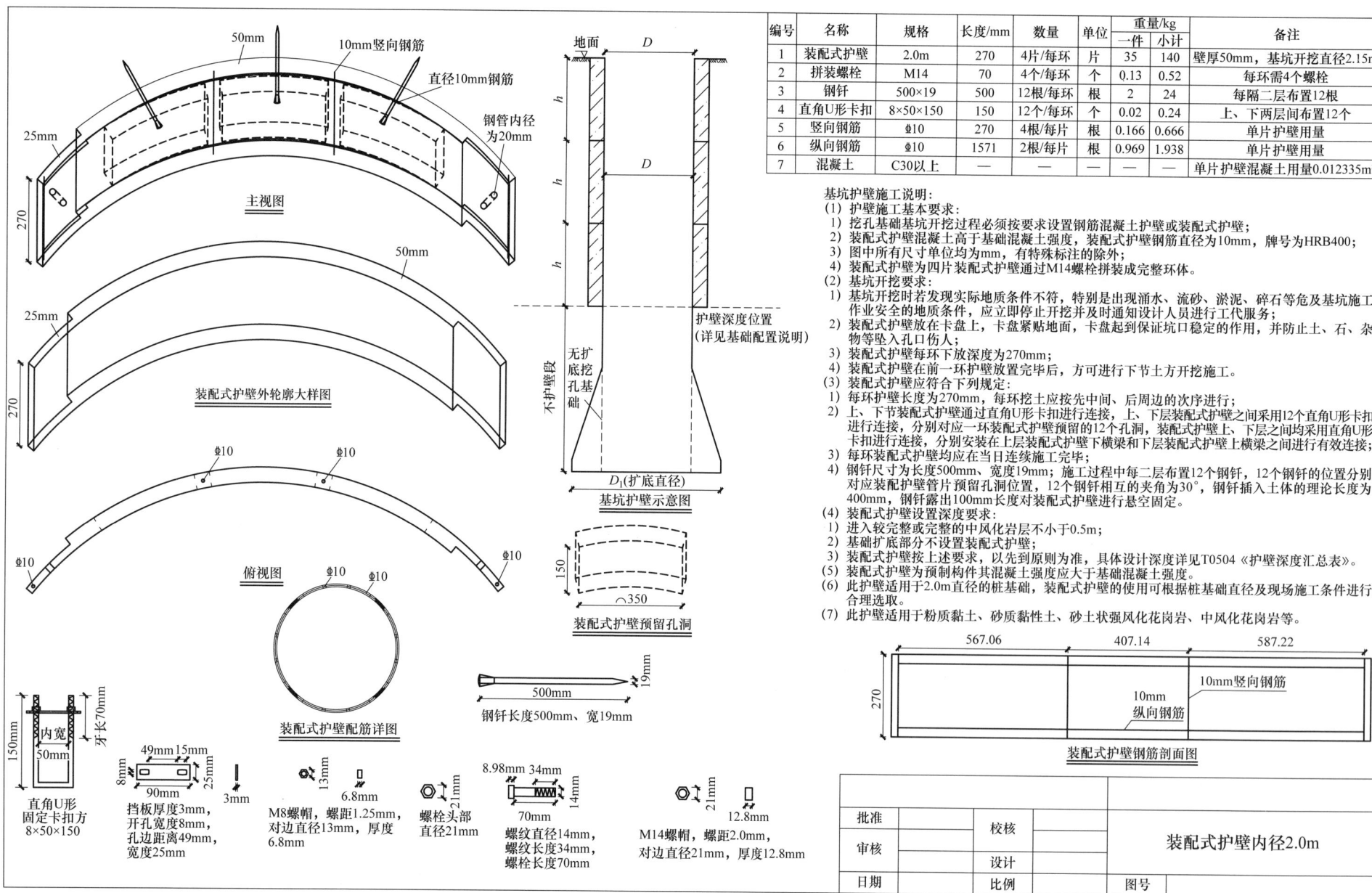

编号	名称	规格	长度/mm	数量	单位	重量/kg 一件	重量/kg 小计	备注
1	装配式护壁	2.0m	270	4片/每环	片	35	140	壁厚50mm，基坑开挖直径2.15m
2	拼装螺栓	M14	70	4个/每环	个	0.13	0.52	每环需4个螺栓
3	钢钎	500×19	500	12根/每环	根	2	24	每隔二层布置12根
4	直角U形卡扣	8×50×150	150	12个/每环	个	0.02	0.24	上、下两层间布置12个
5	竖向钢筋	Φ10	270	4根/每片	根	0.166	0.666	单片护壁用量
6	纵向钢筋	Φ10	1571	2根/每片	根	0.969	1.938	单片护壁用量
7	混凝土	C30以上	—	—	—	—	—	单片护壁混凝土用量0.012335m³

主视图

装配式护壁外轮廓大样图

俯视图

装配式护壁配筋详图

钢钎长度500mm、宽19mm

直角U形固定卡扣方 8×50×150
内宽 50mm
牙长70mm
150mm

挡板厚度3mm，开孔宽度8mm，孔边距离49mm，宽度25mm
49mm 15mm
8mm
90mm
25mm
3mm

M8螺帽，螺距1.25mm，对边直径13mm，厚度6.8mm
13mm
6.8mm

螺栓头部直径21mm
21mm

螺纹直径14mm，螺纹长度34mm，螺栓长度70mm
8.98mm 34mm
70mm
14mm

M14螺帽，螺距2.0mm，对边直径21mm，厚度12.8mm
21mm
12.8mm

基坑护壁示意图

装配式护壁预留孔洞
150
350

基坑护壁施工说明：
（1）护壁施工基本要求：
1）挖孔基础基坑开挖过程必须按要求设置钢筋混凝土护壁或装配式护壁；
2）装配式护壁混凝土高于基础混凝土强度，装配式护壁钢筋直径为10mm，牌号为HRB400；
3）图中所有尺寸单位均为mm，有特殊标注的除外；
4）装配式护壁为四片装配式护壁通过M14螺栓拼装成完整环体。
（2）基坑开挖要求：
1）基坑开挖时若发现实际地质条件不符，特别是出现涌水、流砂、淤泥、碎石等危及基坑施工作业安全的地质条件，应立即停止开挖并及时通知设计人员进行工代服务；
2）装配式护壁放在卡盘上，卡盘紧贴地面，卡盘起到保证坑口稳定的作用，并防止土、石、杂物等坠入孔口伤人；
3）装配式护壁每环下放深度为270mm；
4）装配式护壁在前一环护壁放置完毕后，方可进行下节土方开挖施工。
（3）装配式护壁应符合下列规定：
1）每环护壁长度为270mm，每环挖孔应按先中间、后周边的次序进行；
2）上、下节装配式护壁通过直角U形卡扣进行连接，上、下层装配式护壁之间采用12个直角U形卡扣进行连接，分别对应一环装配式护壁预留的12个孔洞，装配式护壁上、下层之间均采用直角U形卡扣进行连接，分别安装在上层装配式护壁下横梁和下层装配式护壁上横梁之间进行有效连接；
3）每环装配式护壁均应在当日连续施工完毕；
4）钢钎尺寸为长度500mm、宽度19mm；施工过程中每二层布置12个钢钎，12个钢钎的位置分别对应装配式护壁管片预留孔洞位置，12个钢钎相互的夹角为30°，钢钎插入土体的理论长度为400mm，钢钎露出100mm长度对装配式护壁进行悬空固定。
（4）装配式护壁设置深度要求：
1）进入较完整或完整的中风化岩层不小于0.5m；
2）基础扩底部分不设置装配式护壁；
3）装配式护壁按上述要求，以先到原则为准，具体设计深度详见T0504《护壁深度汇总表》。
（5）装配式护壁为预制构件其混凝土强度应大于基础混凝土强度。
（6）此护壁适用于2.0m直径的桩基础，装配式护壁的使用可根据桩基础直径及现场施工条件进行合理选取。
（7）此护壁适用于粉质黏土、砂质黏性土、砂土状强风化花岗岩、中风化花岗岩等。

装配式护壁钢筋剖面图
567.06　407.14　587.22
270
10mm竖向钢筋
10mm纵向钢筋

批准		校核		装配式护壁内径2.0m
审核		设计		
日期		比例		图号

图 11−17　装配式护壁内径 2.0m

（12）装配式护壁内径 **2.1m** 如图 11－18 所示。

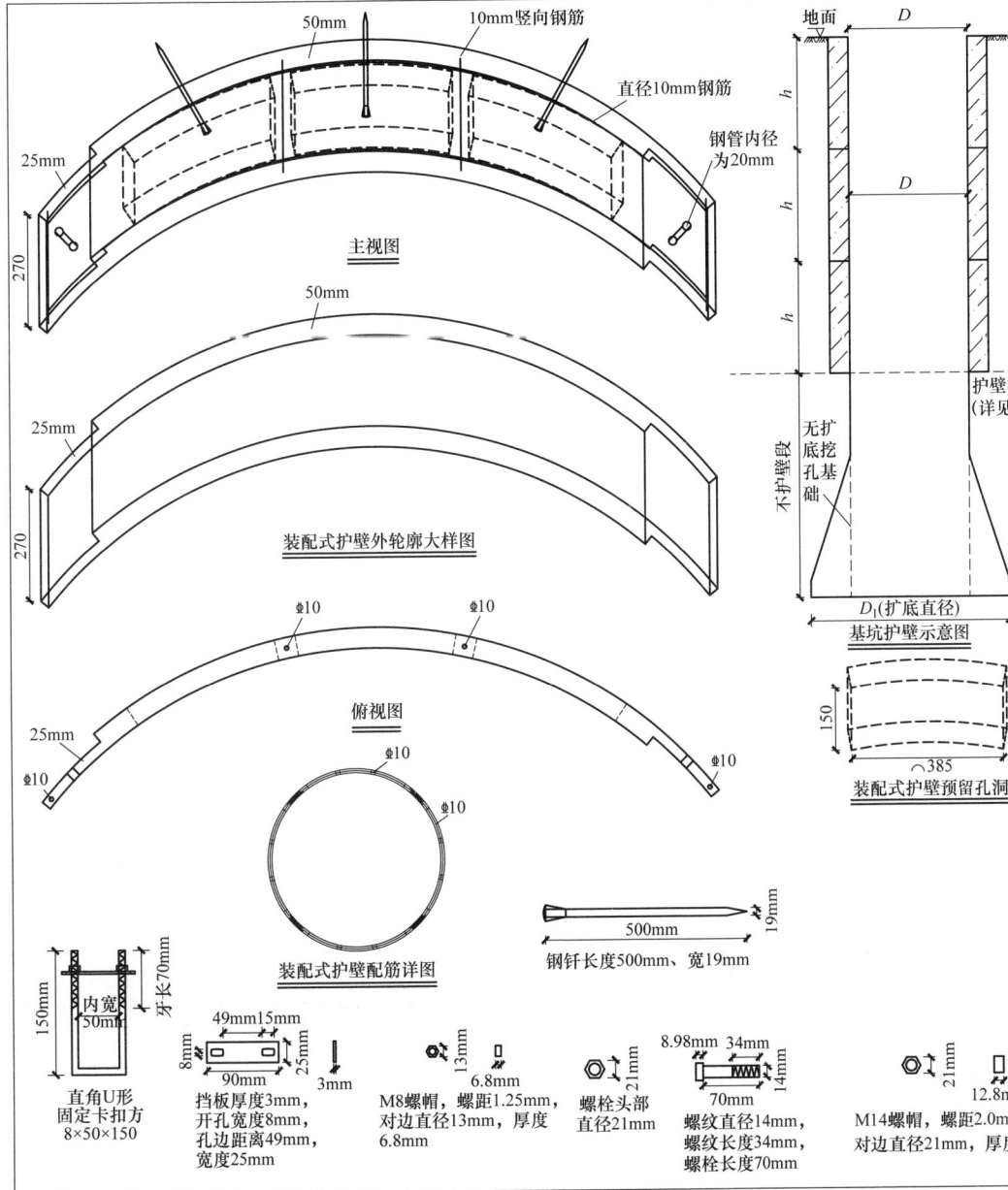

主视图

50mm   10mm竖向钢筋

直径10mm钢筋

钢管内径为20mm

装配式护壁外轮廓大样图

俯视图

装配式护壁配筋详图

钢钎长度500mm、宽19mm

直角U形固定卡扣方8×50×150

挡板厚度3mm，开孔宽度49mm，孔距离49mm，宽度25mm

M8螺帽，螺距1.25mm，对边直径13mm，厚度6.8mm

螺栓头部直径21mm

螺纹直径14mm，螺纹长度34mm，螺栓长度70mm

M14螺帽，螺距2.0mm，对边直径21mm，厚度12.8mm

基坑护壁示意图

护壁深度位置（详见基础配置说明）

无扩底挖孔基础

D₁(扩底直径)

装配式护壁预留孔洞

装配式护壁钢筋剖面图

10mm竖向钢筋
纵向钢筋
10mm纵向钢筋

编号	名称	规格	长度/mm	数量	单位	质量/kg 一件	质量/kg 小计	备注
1	装配式护壁	2.1m	270	4片/每环	片	35	140	壁厚50mm，基坑开挖直径2.25m
2	拼装螺栓	M14	70	4个/每环	个	0.13	0.52	每环需4个螺栓
3	钢钎	500×19	500	12根/每环	根	2	24	每隔二层布置12根
4	直角U形卡扣	8×50×150	150	12个/每环	个	0.02	0.24	上、下两层间布置12个
5	竖向钢筋	⏀10	270	4根/每片	根	0.166	0.666	单片护壁用量
6	纵向钢筋	⏀10	1649	2根/每片	根	1.018	2.035	单片护壁用量
7	混凝土	C30以上	—	—	—	—	—	单片护壁混凝土用量0.01361m³

基坑护壁施工说明：
(1) 护壁施工基本要求：
　1) 挖孔基础基坑开挖过程必须按要求设置钢筋混凝土护壁或装配式护壁；
　2) 装配式护壁混凝土高于基础混凝土强度，装配式护壁钢筋直径为10mm，牌号为HRB400；
　3) 图中所有尺寸单位均为mm，有特殊标注的除外；
　4) 装配式护壁为四片装配式护壁通过M14螺栓拼装成完整环体。
(2) 基坑开挖要求：
　1) 基坑开挖时若发现实际地质条件不符，特别是出现涌水、流砂、淤泥、碎石等危及基坑施工作业安全的地质条件，应立即停止开挖并及时通知设计人员进行工代服务；
　2) 装配式护壁放在卡盘上，卡盘紧贴地面，卡盘起到保证坑口稳定的作用，并防止土、石、杂物等坠入孔口伤人；
　3) 装配式护壁每环下放深度为270mm；
　4) 装配式护壁在前一环护壁放置完毕后，方可进行下节土方开挖施工。
(3) 装配式护壁应符合下列规定：
　1) 每环护壁长度为270mm，每环挖孔应按先中间、后周边的次序进行；
　2) 上、下装配式护壁通过12个直角U形卡扣进行连接，上、下层装配式护壁之间采用12个直角U形卡扣进行连接，分别对应一环装配式护壁预留的12个孔洞，装配式护壁上、下之间均采用直角U形卡扣进行连接，分别安装在上层装配式护壁下横梁和下层装配式护壁上横梁之间进行有效连接；
　3) 每环装配式护壁均应在当日连续施工完毕；
　4) 钢钎尺寸为长度500mm、宽度19mm；施工过程中每二层布置12个钢钎，12个钢钎的位置分别对应装配式护壁管片预留孔洞位置，12个钢钎相互的夹角为30°，钢钎插入土体的理论长度为400mm，钢钎露出100mm长度对装配式护壁进行悬空固定。
(4) 装配式护壁设置深度要求：
　1) 进入较完整或完整的中风化岩层不小于0.5m；
　2) 基础扩底部分不设置装配式护壁；
　3) 装配式护壁按上述要求，以先到则为准，具体设计深度详见T0504《护壁深度汇总表》。
(5) 装配式护壁为预制构件其混凝土强度应大于基础混凝土强度。
(6) 此护壁适用于2.1m直径的桩基础，装配式护壁的使用可根据桩基础直径及现场施工条件进行合理选取。
(7) 此护壁适用于粉质黏土、砂质黏性土、砂土状强风化花岗岩、中风化花岗岩等。

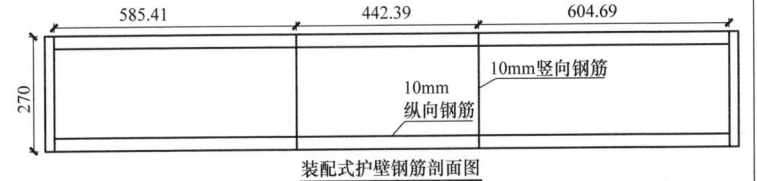

批准		校核		装配式护壁内径2.1m
审核		设计		
日期		比例		图号

图 11－18　装配式护壁内径 2.1m

（13）装配式护壁内径 2.2m 如图 11－19 所示。

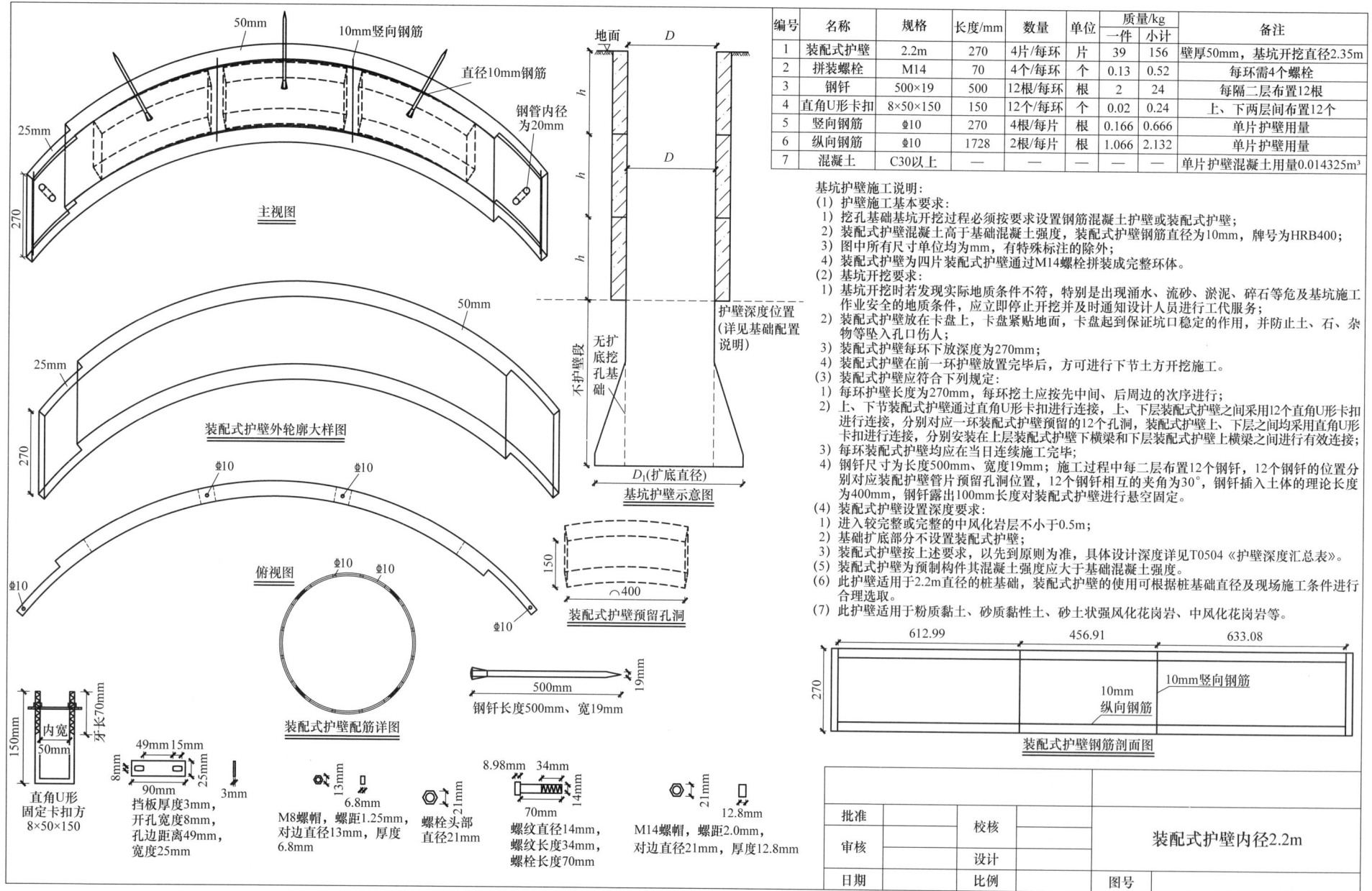

主视图

50mm
10mm竖向钢筋
直径10mm钢筋
钢管内径为20mm
25mm

装配式护壁外轮廓大样图

俯视图

装配式护壁配筋图

钢钎长度500mm，宽19mm

直角U形固定卡扣方 8×50×150

挡板厚度3mm，开孔宽度8mm，孔边距离49mm，宽度25mm

M8螺帽，螺距1.25mm，对边直径13mm，厚度6.8mm

螺栓头部直径21mm

螺纹直径14mm，螺纹长度34mm，螺栓长度70mm

M14螺帽，螺距2.0mm，对边直径21mm，厚度12.8mm

地面
护壁深度位置（详见基础配置说明）
无扩底挖孔基础
D_1（扩底直径）

基坑护壁示意图

装配式护壁预留孔洞

编号	名称	规格	长度/mm	数量	单位	质量/kg		备注
						一件	小计	
1	装配式护壁	2.2m	270	4片/每环	片	39	156	壁厚50mm，基坑开挖直径2.35m
2	拼装螺栓	M14	70	4个/每环	个	0.13	0.52	每环需4个螺栓
3	钢钎	500×19	500	12根/每环	根	2	24	每隔二层布置12根
4	直角U形卡扣	8×50×150	150	12个/每环	个	0.02	0.24	上、下两层间布置12个
5	竖向钢筋	⏀10	270	4根/每片	根	0.166	0.666	单片护壁用量
6	纵向钢筋	⏀10	1728	2根/每片	根	1.066	2.132	单片护壁用量
7	混凝土	C30以上	—	—	—	—	—	单片护壁混凝土用量0.014325m³

基坑护壁施工说明：
（1）护壁施工基本要求：
　1）挖孔基础基坑开挖过程必须按要求设置钢筋混凝土护壁或装配式护壁；
　2）装配式护壁混凝土高于基础混凝土强度，装配式护壁钢筋直径为10mm，牌号为HRB400；
　3）图中所有尺寸单位均为mm，有特殊标注的除外；
　4）装配式护壁为四片装配式护壁通过M14螺栓拼装成完整环体。
（2）基坑开挖要求：
　1）基坑开挖时若发现实际地质条件不符，特别是出现涌水、流砂、淤泥、碎石等危及基坑施工作业安全的地质条件，应立即停止开挖并及时通知设计人员进行工代服务；
　2）装配式护壁放在卡盘上，卡盘紧贴地面，卡盘起到保证坑口稳定的作用，并防止土、石、杂物等坠入孔口伤人；
　3）装配式护壁每环下放深度为270mm；
　4）装配式护壁在前一环护壁放置完毕后，方可进行下节土方开挖施工。
（3）装配式护壁应符合下列规定：
　1）每环护壁长度为270mm，每环挖土应按先中间、后周边的次序进行；
　2）上、下节装配式护壁通过直角U形卡扣进行连接，上、下层装配式护壁之间采用12个直角U形卡扣进行连接，分别对应一环装配式护壁预留的12个孔洞，装配式护壁上、下层之间均采用直角U形卡扣进行连接，分别安装在上层装配式护壁下横梁和下层装配式护壁上横梁之间进行有效连接；
　3）每环装配式护壁均应在当日连续施工完毕。
　4）钢钎尺寸为长度500mm，宽度19mm；施工过程中每二层布置12个钢钎，12个钢钎的位置分别对应装配式护壁管片预留孔洞位置，12个钢钎相互的夹角为30°，钢钎插入土体的理论长度为400mm，钢钎露出100mm长度对装配式护壁进行悬空固定。
（4）装配式护壁设置深度要求：
　1）进入较完整或完整的中风化岩层不小于0.5m；
　2）基础扩底部分不设置装配式护壁；
　3）装配式护壁按上述要求，以先到原则为准，具体设计深度详见T0504《护壁深度汇总表》。
（5）装配式护壁为预制构件其混凝土强度应大于基础混凝土强度。
（6）此护壁适用于2.2m直径的桩基础，装配式护壁的使用可根据桩基础直径及现场施工条件进行合理选取。
（7）此护壁适用于粉质黏土、砂质黏性土、砂土状强风化花岗岩、中风化花岗岩等。

装配式护壁钢筋剖面图

批准		校核		装配式护壁内径2.2m
审核		设计		
日期		比例		图号

图 11－19　装配式护壁内径 2.2m

（14）装配式护壁内径2.3m如图11-20所示。

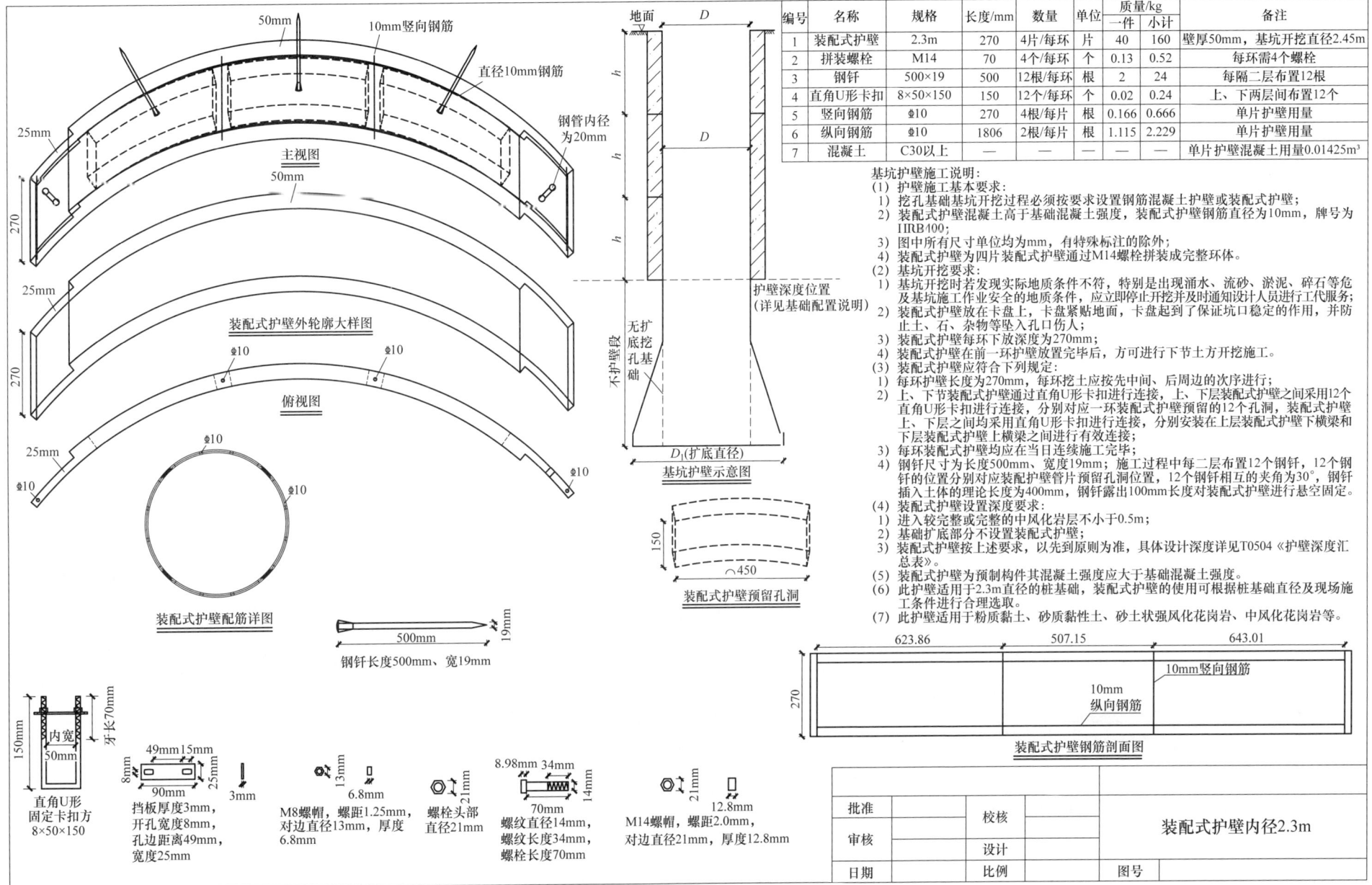

主视图

50mm
10mm竖向钢筋
直径10mm钢筋
钢管内径为20mm
25mm
50mm
270

装配式护壁外轮廓大样图
25mm
270

俯视图
25mm
Φ10 Φ10 Φ10 Φ10

装配式护壁配筋详图
Φ10

钢钎长度500mm、宽19mm
500mm 19mm

直角U形固定卡扣方
8×50×150
内宽 50mm 150mm 牙长70mm

挡板厚度3mm，开孔宽度8mm，孔距距离49mm，宽度25mm
49mm 15mm 90mm 25mm 8mm

M8螺帽，螺距1.25mm，对边直径13mm，厚度6.8mm
13mm 6.8mm 3mm

螺栓头部直径21mm
21mm

M14螺栓，螺距2.0mm，螺纹直径14mm，螺纹长度34mm，螺栓长度70mm
8.98mm 34mm 70mm 14mm

M14螺帽，螺距2.0mm，对边直径21mm，厚度12.8mm
21mm 12.8mm

地面 D D
h h h

护壁深度位置（详见基础配置说明）

无扩底挖孔基础 不护壁段

D₁(扩底直径)

基坑护壁示意图

装配式护壁预留孔洞
150 ⌒450

编号	名称	规格	长度/mm	数量	单位	质量/kg 一件	质量/kg 小计	备注
1	装配式护壁	2.3m	270	4片/每环	片	40	160	壁厚50mm，基坑开挖直径2.45m
2	拼装螺栓	M14	70	4个/每环	个	0.13	0.52	每环需4个螺栓
3	钢钎	500×19	500	12根/每环	根	2	24	每隔二层布置12根
4	直角U形卡扣	8×50×150	150	12个/每环	个	0.02	0.24	上、下两层间布置12个
5	竖向钢筋	Φ10	270	4根/每片	根	0.166	0.666	单片护壁用量
6	纵向钢筋	Φ10	1806	2根/每片	根	1.115	2.229	单片护壁用量
7	混凝土	C30以上	—	—	—	—	—	单片护壁混凝土用量0.01425m³

基坑护壁施工说明：
（1）护壁施工基本要求：
  1）挖孔基础基坑开挖过程中必须按要求设置钢筋混凝土护壁或装配式护壁；
  2）装配式护壁混凝土高于基础混凝土强度，装配式护壁钢筋直径为10mm，牌号为HRB400；
  3）图中所有尺寸单位均为mm，有特殊标注的除外；
  4）装配式护壁为四片装配式护壁通过M14螺栓拼装成完整环体。
（2）基坑开挖要求：
  基坑开挖时若发现实际地质条件不符，特别是出现涌水、流砂、淤泥、碎石等危及基坑施工作业安全的地质条件，应立即停止开挖并及时通知设计人员进行工代服务。
  1）装配式护壁放在卡盘上，卡盘紧贴地面，卡盘起到了保证坑口稳定的作用，并防止土、石、杂物等坠入孔口伤人；
  2）装配式护壁每环下放深度为270mm；
  3）装配式护壁在前一环护壁放置完毕后，方可进行下节土方开挖施工。
（3）装配式护壁应符合下列规定：
  1）每环护壁长度为270mm，每次挖孔应按先中间、后周边的次序进行；
  2）上、下节装配式护壁通过直角U形卡扣进行连接，上、下层装配式护壁之间采用12个直角U形卡扣进行连接，分别对应一环装配式护壁预留的12个孔洞，装配式护壁上、下层之间均采用直角U形卡扣进行连接，分别安装在上层装配式护壁下横梁和下层装配式护壁上横梁之间进行有效连接；
  3）每环装配式护壁均应在当日连续施工完毕；
  4）钢钎尺寸为长度500mm、宽度19mm；施工过程中每二层布置12个钢钎，12个钢钎的位置分别对应装配护壁管片预留孔洞位置，12个钢钎相互的夹角为30°，钢钎插入土体的理论长度为400mm，钢钎露出100mm长度对装配式护壁进行悬空固定。
（4）装配式护壁设置深度要求：
  1）进入较完整或完整的中风化岩层不小于0.5m；
  2）基础扩底部分不设置装配式护壁；
  3）装配式护壁按上述要求，以先到原则为准，具体设计深度详见T0504《护壁深度汇总表》。
（5）装配式护壁为预制构件其混凝土强度应大于基础混凝土强度。
（6）此护壁适用于2.3m直径的桩基础，装配式护壁的使用可根据桩基础直径及现场施工条件进行合理选取。
（7）此护壁适用于粉质黏土、砂质黏性土、砂土状强风化花岗岩、中风化花岗岩等。

623.86 507.15 643.01
270
10mm竖向钢筋
10mm纵向钢筋

装配式护壁钢筋剖面图

批准		校核		装配式护壁内径2.3m
审核		设计		
日期		比例		图号

图 11-20 装配式护壁内径 2.3m

（15）装配式护壁内径 2.4m 如图 11-21 所示。

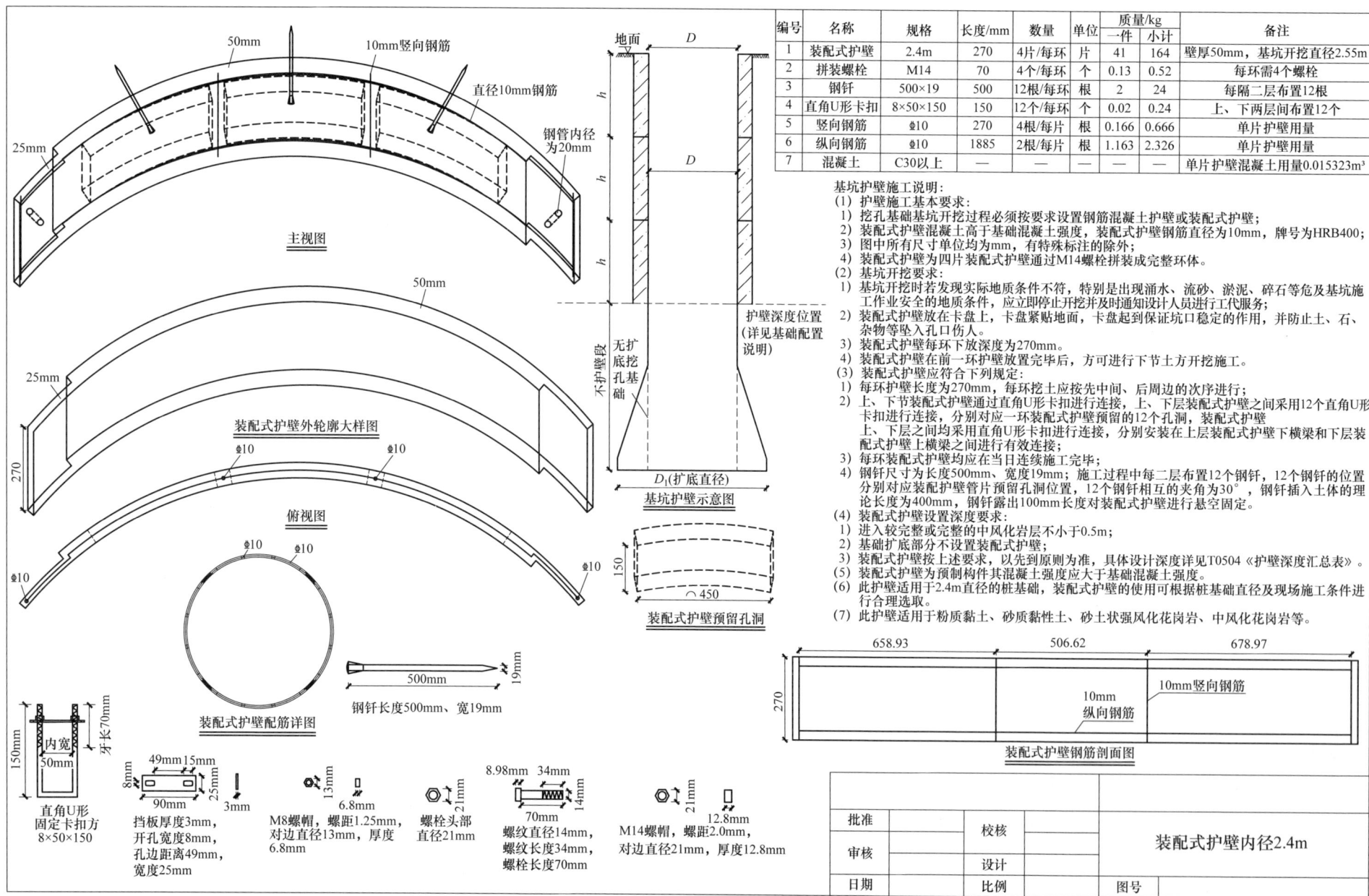

编号	名称	规格	长度/mm	数量	单位	质量/kg 一件	质量/kg 小计	备注
1	装配式护壁	2.4m	270	4片/每环	片	41	164	壁厚50mm，基坑开挖直径2.55m
2	拼装螺栓	M14	70	4个/每环	个	0.13	0.52	每环需4个螺栓
3	钢钎	500×19	500	12根/每环	根	2	24	每隔二层布置12根
4	直角U形卡扣	8×50×150	150	12个/每环	个	0.02	0.24	上、下两层间布置12个
5	竖向钢筋	ϕ10	270	4根/每片	根	0.166	0.666	单片护壁用量
6	纵向钢筋	ϕ10	1885	2根/每片	根	1.163	2.326	单片护壁用量
7	混凝土	C30以上	—	—	—	—	—	单片护壁混凝土用量0.015323m³

主视图

50mm 　10mm竖向钢筋

直径10mm钢筋

钢管内径为20mm

25mm

装配式护壁外轮廓大样图

25mm

俯视图

ϕ10

270

ϕ10 ϕ10

装配式护壁配筋详图

钢钎长度500mm，宽19mm

500mm 19mm

直角U形固定卡扣方 8×50×150
内宽 50mm 牙长70mm
150mm

挡板厚度3mm，开孔宽度8mm，孔边距离49mm，宽度25mm
49mm 15mm 8mm 90mm 25mm 3mm

M8螺帽，螺距1.25mm，对边直径13mm，厚度6.8mm
13mm 6.8mm

螺栓头部直径21mm
21mm

螺纹直径14mm，螺纹长度34mm，螺栓长度70mm
8.98mm 34mm 70mm 14mm

M14螺帽，螺距2.0mm，对边直径21mm，厚度12.8mm
21mm 12.8mm

地面

D

h

D

h

h

无扩底挖孔基础

不护壁段

护壁深度位置（详见基础配置说明）

D_1(扩底直径)

基坑护壁示意图

50mm

150

~450

装配式护壁预留孔洞

基坑护壁施工说明：
（1）护壁施工基本要求：
1）挖孔基础基坑开挖过程必须按要求设置钢筋混凝土护壁或装配式护壁；
2）装配式护壁混凝土高于基础混凝土强度，装配式护壁钢筋直径为10mm，牌号为HRB400；
3）图中所有尺寸单位均为mm，有特殊标注的除外；
4）装配式护壁为四片装配式护壁通过M14螺栓拼装成完整环体。
（2）基坑开挖要求：
1）基坑开挖时若发现实际地质条件不符，特别是出现涌水、流砂、淤泥、碎石等危及基坑施工作业安全的地质条件，应立即停止开挖并及时通知设计人员进行工代服务；
2）装配式护壁放在卡盘上，卡盘紧贴地面，卡盘起到保证坑口稳定的作用，并防止土、石、杂物等坠入孔口伤人。
3）装配式护壁每环下放深度为270mm。
4）装配式护壁在前一环护壁放置完毕后，方可进行下节土方开挖施工。
（3）装配式护壁应符合下列规定：
1）每环护壁长度为270mm，每环挖土应按先中间、后周边的次序进行；
2）上、下节装配式护壁通过直角U形卡扣进行连接，上、下装配式护壁之间采用12个直角U形卡扣进行连接，分别对应一环装配式护壁预留的12个孔洞，装配式护壁上、下层之间均采用直角U形卡扣进行连接，分别安装在上层装配式护壁下横梁和下层装配式护壁上横梁之间进行有效连接；
3）每环装配式护壁均应在当日连续施工完毕。
4）钢钎尺寸为长度500mm、宽度19mm，施工过程中每二层布置12个钢钎，12个钢钎的位置分别对应装配护壁管片预留孔洞位置，12个钢钎相互的夹角为30°，钢钎插入土体的理论长度为400mm，钢钎露出100mm长度对装配式护壁进行悬空固定。
（4）装配式护壁设置深度要求：
1）进入较完整或完整的中风化岩层不小于0.5m；
2）基础扩底部分不设置装配式护壁；
3）装配式护壁按上述要求，以先到原则为准，具体设计深度详见T0504《护壁深度汇总表》。
（5）装配式护壁为预制构件其混凝土强度应大于基础混凝土强度。
（6）此护壁适用于2.4m直径的桩基础，装配式护壁的使用可根据桩基础直径及现场施工条件进行合理选取。
（7）此护壁适用于粉质黏土、砂质黏性土、砂土状强风化花岗岩、中风化花岗岩等。

658.93　　506.62　　678.97

270

10mm竖向钢筋

10mm纵向钢筋

装配式护壁钢筋剖面图

批准		校核		装配式护壁内径2.4m
审核		设计		
日期		比例		图号

图 11-21　装配式护壁内径 2.4m